# 化妆
## 设计基础

戚 立 主编

赵艳倩 刘 明 副主编

U0194366

化学工业出版社

·北京·

## 内容简介

　　本书由化妆基础知识、面部基本结构与化妆的关系、皮肤的打底及主要脸型修饰方法、五官的化妆方法和常用妆面风格及表达五章组成，全面系统地阐述了化妆的基本理论与基本技术。相信阅读这本书后，你会从一个不懂化妆知识的新手，成为一名较为专业的化妆达人；从之前非常肤浅地认知化妆到对化妆的每一步都有非常深入的了解。希望看到本书的读者能让自己变得更优雅，更漂亮，更懂审美，更了解自己。

　　本书非常适合从零基础学习化妆的人士阅读，可以作为社会中各行各业的爱美人士学习化妆的工具，也可以作为高等院校或职业技术院校服装设计专业、形象设计专业及其他相关专业师生的参考用书。

**图书在版编目（CIP）数据**

　　化妆设计基础/戚立主编. —北京：化学工业出版社，2021.7（2024.11重印）

　　ISBN 978-7-122-38892-6

　　Ⅰ.①化…　Ⅱ.①戚…　Ⅲ.①化妆-造型设计-高等职业教育-教材　Ⅳ.①TS974.12

　　中国版本图书馆CIP数据核字（2021）第063338号

责任编辑：徐　娟　　　　文字编辑：蒋丽婷　陈小滔　　　封面设计：刘丽华
责任校对：王素芹　　　　装帧设计：石恒川

出版发行：化学工业出版社（北京市东城区青年湖南街 13 号　邮政编码 100011）
印　　装：河北京平诚乾印刷有限公司
787mm×1092mm　1/16　印张 9　字数 180 千字　2024 年 11 月北京第 1 版第 4 次印刷

购书咨询：010-64518888　　　　　　　　售后服务：010-64518899
网　　址：http://www.cip.com.cn

凡购买此书，如有残缺质量问题，本社销售中心负责调换。

定　　价：68.00 元

# 前　言

　　本人在就职于大连外国语大学国际艺术学院之前，曾有过在其他高校教授"人物形象设计专业"相关课程 10 年的经验和体会，当时一直在使用其他学校的教材。在大连外国语大学任教这几年除了为服装专业学生上专业课，还在学校开设了"化妆设计基础"和"服装与服饰搭配设计基础"两门艺术类通识课程。大连外国语大学属于文科类院校，特别重视艺术类通识课程的设置，积极响应国家加强在校生美育教育的号召。在校生由于所学专业和将来就业等特点，这类课程非常受学生的欢迎，而本人也认为当今社会提升大学生未来的职业形象是一件特别有意义和必须要重视的事情，因此决定将这十几年的美妆经验总结出来，写一本系统化的书，再结合课堂教学，使学生们掌握较为专业的化妆知识，提升个人形象，在未来的就业和工作中加分。

　　编写本书的另外一个原因是，本人在校外进行讲座时接触到了形形色色的女性朋友，很多人表达过想正规、系统地学习美妆知识的愿望。她们感觉市场上介绍美妆常识之类的书很多，而系统教授美妆知识的书籍不多，或者有但是不能理解图片的意思。在这些背景下，本人决定将化妆设计理论和操作知识总结出来，将美妆基础知识由浅入深地、系统地写入本书中，进一步提升化妆设计的专业课和学校通识课教学质量，并满足社会上很多女性想系统学习美妆知识的需求。

　　本书的特点是文字与图片通俗易懂，图片以插图形式呈现，生动、观赏性强，且均为原创，非常适合读者学习与理解，很适合零基础或有一点基础的女性学习。本书共包括五章的内容，知识点由浅入深，读者在学习中对知识的理解和领悟会很连贯，不会出现读不懂、理解不了的现象。本书可带领读者从基础的化妆工具、面部骨骼、肌肉和比例等方面进行认知，再提升至脸型和五官的调整与美化。本书既可以供普通人提高自身化妆常识使用，也可以供专业学生学习专业化妆知识使用，使用范围和人群较为广泛。

　　本书由戚立主编，赵艳倩、刘明副主编，参加编写的还有李春华、王弦语、朱箫杨、刘晓阳、许阳。本书的完成要特别感谢大连外国语大学 2018 级服装设计专业学生李春华，她有画插画的特长，本书中 90% 的插图均由她原创完成。在创作过程中为了保证读者学习上的方便和书的质量，每张插图我们都要反复沟通修改调整 3 ~ 4 次才会定稿。最后，第一章部分图片和第五章的所有化妆图片由大连蒙妮坦形象艺术学院友情提供，在这里也表示由衷的感谢！

戚立

2021 年 3 月

# 目录

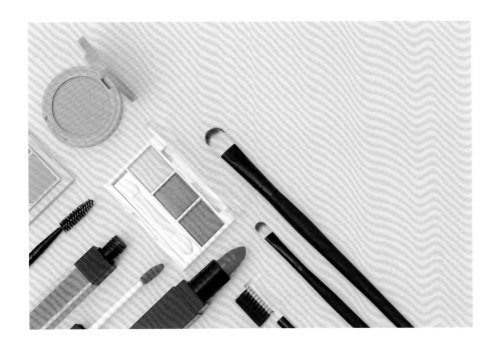

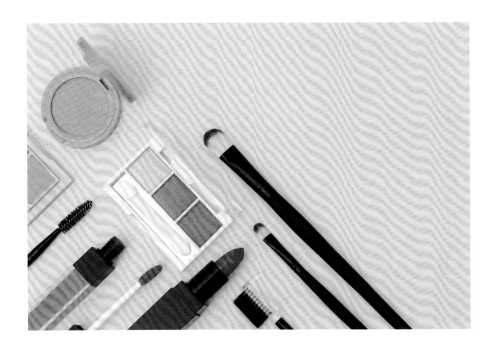

# 第一章 化妆基础知识

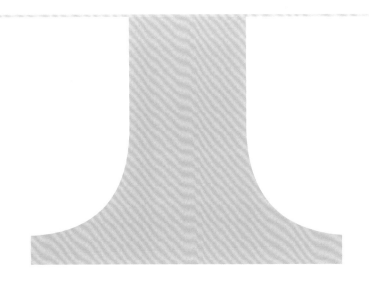

# 第一节
# 化妆的概念与化妆的分类

## 一、化妆的概念

化妆是人们利用工具和色彩来描画面容、改变面貌及外在形象的一种手法。从广义上来说，化妆指对人的整体造型，包括面部化妆、发型、服饰等方面进行改变；从狭义上说，化妆只是针对人的面部进行修饰，就是对面部轮廓、五官、皮肤在"形"和"色"上的处理。本小节主要介绍化妆的作用、基本原则和化妆要点等方面。

### 1.化妆的作用

随着社会的不断进步，化妆为人们塑造美的形象创造了良好的条件。在现代生活中，人们追求的美应该是健康的美，和谐的美，只有这样才能使美得以持久和深化。化妆的作用主要体现在以下方面。

（1）美化容貌 人们化妆的目的是为了提升、美化自己的容貌。

（2）增强自信 化妆在为人们增添美感的同时，也为人们带来了自信。

（3）弥补缺陷 化妆可以利用色彩的纯度、明暗和对比等关系造成人的视错觉，从而达到弥补面部容貌不足的目的（图1-1）。

● 图1-1 化妆的作用

● 图1-2 突出个性的化妆

2.化妆的基本原则

化妆的基本原则如下。

（1）扬长避短 化妆时尽可能突出面部的优点，遮盖或淡化面部缺点，让别人尽量只注意到优点的部位。

（2）自然真实不浮夸 生活化妆最忌讳过于夸张不真实，画完的效果要自然和谐有美感，在工作和生活中给自己和他人带来美的享受，好的妆面有愉悦心情的作用。

（3）突出个性 现代社会已经不仅限于追求漂亮的妆面了，特别是年轻人越来越重视妆面的个性化，以便表达自己独特的气质和独一无二的美（图1-2）。

（4）妆面要协调整体 化妆时要注意面部采用的色调、五官和面部造型要协调、具有美感，最后的整体效果舒适自然。

3.化妆的要点

（1）因人而异  每个人的自身条件不同，因此化妆的方法和效果也会有差别，找到符合和适合自己的化妆方法才是最重要的，不能千人一面、千篇一律，这样就失去了个性，化妆后的效果也会变得单一。

（2）因时而异  化妆是受时间限制的一门艺术，不同的时间采用的化妆方法与形式也会有区分。例如白天和晚上的妆面会有差别，年轻人和老年人的妆面特点也会有不同，在对的时间画适合的彩妆，也是我们需要掌握的一种能力。

（3）因地和事而异  化妆同样会受地域或地点因素的影响。化妆者要去的地方不同和做的事情不同，妆容肯定不一样，例如工作和聚会时的妆容可以有较大的差距。所以要根据所做的事情和地点来选择化妆的风格，决定采用什么样的妆效。

● 　图1-3　新娘妆

# 二、化妆的分类

1.按性质和用途分类

化妆通常分为生活化妆和艺术化妆两大类。生活化妆还可以细分为休闲妆、职业妆、晚妆、新娘妆（图1-3）等，艺术化妆可分为创意妆、影视妆、舞台妆和特效化妆等特定角色的化妆（图1-4 ～图1-6）。

● 　图1-4　创意妆

2.按色度分类

化妆按色度分为淡妆和浓妆。

（1）淡妆 即淡雅的妆容，是对模特面容进行轻微的修饰。多运用于休闲妆、职业妆等（图1-7）。

（2）浓妆 即艳丽的妆容，相对于淡妆而言，妆容色彩更加浓艳夸张，主要适用于一些特殊场合的需要（图1-8）。

● 图1-5 年龄妆

● 图1-6 戏剧妆

● 图1-7 淡妆

● 图1-8 浓妆

# 第二节 化妆工具

## 一、化妆工具的种类和用途

随着人们生活质量的提升，化妆工具的种类越来越丰富，功能也非常精细，大到粉扑小到镊子，让人眼花缭乱。对于现代化的工具，没有设计师们想不到的，只有我们没用到的。在所有化妆工具中，化妆刷（图1-9）所占分量较重，其分为生活妆用和舞台妆用两种。生活妆用的化妆刷不需要支数太多，里面有一些基本常用的刷型即可；而舞台妆用的化妆刷种类可以丰富一些，里面多的可以达到二十多支。下面逐一介绍一下化妆工具的功能和用途。

### 1. 散粉刷

它是所有套刷里体积最大的一种刷子，通常有两种款式。一种刷头大而扁平，主要用来扫掉面部化妆时多余的散粉，使散粉定完妆后不会厚厚地覆盖在面部皮肤上 [图1-10(a)]；另一种刷头丰满蓬松，头部呈圆形，体积较大有弹性，适合定妆时刷大面积的散粉使用，方便而快捷 [图1-10(b)]。圆头粉刷在笔刷种类不多的情况下，也可将其刷头捏扁用来扫去多余的散粉，将其竖起来利用其侧面小面积还可画腮红或者高光，一笔多用。在材质的选择上有天然和非天然动物毛刷，动物毛以貂毛为极品，它非常柔软，肤感特别舒适并有很好的弹

性，但价格很贵。在选择材质的时候，如果经济条件允许，可以优先选择天然、柔软、有弹性的动物毛刷，其次可以选择人工毛刷。由于现在制刷技术特别先进，人工毛刷只要在试刷的时候不掉毛、不扎皮肤、有弹性，同样也是比较好的选择，不会影响化妆效果。

● 图1-9 化妆刷

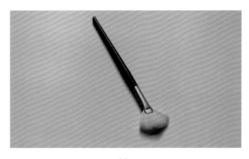

(a)

(b)

● 图1-10 散粉刷

2.粉底刷

它的刷头大而扁平，一般会有3厘米左右宽，是用来上粉底液和粉底霜的，化妆打底时可以更加均匀和快捷。因为粉底液和粉底霜含有一定的油性成分，所以它的材质主要是人工合成纤维，这种材质方便涂粉底霜，尤其适合表现质地厚实的彩妆。大面积刷面部的时候将笔头横着使用，小面积刷的时候（比如刷鼻翼两侧或眼角嘴角等时），可将笔头竖起来使用（图1-11）。

● 　图1-11　粉底刷

3.轮廓刷

轮廓刷的体积比散粉刷的体积稍微小一些，头部呈圆形，用来修饰面部轮廓，例如常用来刷面部高光和阴影等（图1-12）。

● 　图1-12　轮廓刷

4.腮红刷

腮红刷用来刷腮红或轮廓都可，它的刷头有一定的斜度，在面部刷腮红比较好用，刷时斜面对向皮肤使用。除了人工毛刷外，羊毛腮红刷也比较常见，用起来柔软有弹性，掉毛和扎皮肤的毛刷慎用（图1-13）。

● 　图1-13　腮红刷

5.眼影刷

眼影刷是所有化妆刷中大小种类最多的，多的套刷中可达6~7支。眼影刷头一般呈扁圆形或圆形，根据眼部皮肤的面积分为大、中、小等型号，使用起来方便。大号眼影刷用来刷眼部大面积的皮肤，中号的用来刷稍微小些的眼部皮肤，小号用来描绘眼部细微处的眼影，勾勒眼部轮廓和线条，使眼妆看上去更加精致与立体。眼周皮肤是脸上最薄的皮肤，所以毛刷最好以动物毛为主，柔软有弹性并上色均匀（图1-14）。

● 图 1-14　眼影刷

### 6. 眉刷

眉刷的刷头形状呈斜三角形，面积不大，因眉毛有转折处，所以倾斜的一边更便于在眉毛上刷眉粉。一般都是将笔头立起来刷眉粉，因为眉毛本身的宽度不宽，所以化妆工具的面积都是按照五官的特点来设计的，很科学且使用方便（图 1-15）。

● 图 1-15　眉刷

### 7. 螺旋形刷

螺旋形刷主要使用在眉毛上，有时也使用在睫毛上，形状是螺旋状的。它的作用一是可以用来刷掉眉毛上多余的眉粉，使眉毛看上去效果更自然；二是可以将睫毛上刷多的睫毛膏梳开，防止粘连在一起，有根根分明的效果（图 1-16）。

● 图 1-16　螺旋形刷

### 8. 双头刷

一般套刷工具中都会有这样一支刷子，像一个微型的小梳子，由两面组成，一面的质地较软，另一面的质地比较硬。通常稍软质地的一边都用来刷眉毛，硬的一边用来刷睫毛，或者在化舞台收等特殊妆面的时候，可以用它蘸上颜料小范围地刷头发以及眉毛、胡须等面积比较小的毛发部分，因为用小梳子刷出来的头发或眉毛比较精致、自然（图 1-17）。

● 图 1-17　双头刷

9.眼线刷

眼线刷用来涂抹油彩等液体眼线液或眼线膏，刷头非常细、扁平且带尖，可以描画出很细或加粗的眼线，适合在画眼线时使用（图1-18）。

● 图1-19 唇刷

11.油彩刷

油彩刷不同于粉刷，主要用来化油彩妆，使用油彩刷非常容易推匀和晕染。其刷毛柔软略扁平，尖部的毛比较薄，材质有人工和自然毛之分。分大、中、小号，大号描画较大面积的皮肤，中号描画眼部或是唇部等面积不大不小的部位，小号用来描画唇线或眉毛等部位，一般还会配一支笔头极尖细的油彩笔，来描画眼线等很细的线条。

● 图1-18 眼线刷

10.唇刷

唇刷的刷头较小，头部是平的，方便将唇膏涂在嘴唇上。由于唇膏是油性质地，所以唇刷的刷毛要用人工合成纤维制成。面积大的地方可以平涂，小的地方可以竖着涂抹，包括唇线也可以用它进行描画（图1-19）。

### 12. 化妆海绵

在化妆中，海绵是用来打底的，这是一个比较传统的用法，可以使皮肤与粉底充分地贴合在一起。市场上我们经常看到圆形、方形或三角形海绵，其中三角形海绵使用起来最为方便。给皮肤大面积打底的时候用平坦的一面，给皮肤局部打底的时候，用三角形海绵的边缘或尖部，这样的底妆均匀、精致、细腻。选择海绵时，有的海绵一面是光滑的，另一面是有细小颗粒、较粗糙的，要选择粗糙的一面使用，它会将粉底霜牢牢地涂抹在皮肤上面，而光滑的一面由于比较滑，所以不能将粉底均匀地涂在皮肤上。

海绵有一个缺点，会吸收粉底霜里的部分油分和水分，将一部分粉底霜"吃"进海绵里，造成一些浪费。另外海绵也需要经常清洗，要保证在打底前清洁干净，可以在温水里放入温和的洗洁剂，让海绵浸泡 10~20 分钟后在水里用手轻轻地揉搓，将粉底霜揉搓出来，最后放在清水里洗净。洗净后将海绵夹在晾衣架上放在通风处晾干即可。在使用一段时间后，如果发现海绵出现松弛、孔洞不均匀或变大的情况，就需要更换海绵了（图 1-20）。

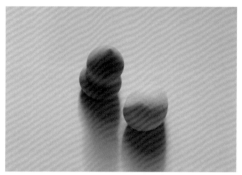

● 　图 1-20　化妆海绵

### 13. 粉扑

粉扑是用来定妆的，打完粉底霜后，为了让妆面带妆时间更久不脱妆，需要用粉扑蘸上散粉或干粉在面部均匀涂一层。蘸上散粉后，可在上面轻轻将散粉揉搓开，以便定妆时比较均匀。最好选用纯棉质地的粉扑，化纤质地的粉扑容易起球，涂抹时不够均匀（图1-21）。

● 　图1-22　睫毛夹

### 15. 假睫毛与睫毛胶

现在爱美的年轻人使用假睫毛越来越频繁，假睫毛在舞台妆中也被大量使用。假睫毛的功能是可以增加睫毛的密度和长度，一般分完整型和零散型两种，完整型有纤长和浓密两种款式之分。假睫毛可以整个使用，也可以修剪后小段使用，根据实际使用部位决定（图1-23）。舞台妆为了增加夸张效果，也可以同时粘两层睫毛。目前用来粘假睫毛的工具主要就是睫毛胶（图1-24），粘贴睫毛和卸妆时都很方便。

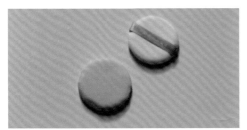

● 　图1-21　粉扑

### 14. 睫毛夹

睫毛夹是夹弯睫毛的工具，自然睫毛和人工睫毛都可以使用。挑选时要注意它上下夹缝的吻合度，不能太松，否则夹后没有效果。睫毛夹有大小不同的尺寸，可根据睫毛的长短进行挑选（图1-22）。

● 　图1-23　假睫毛

● 图1-24 睫毛胶

### 16. 美目贴

美目贴也叫双眼皮胶带，以前大部分是半透明或透明状的胶纸，一面有黏性，可以粘贴在上眼睑褶皱处。随着经济的发展，现在生产的美目贴比之前的质量和效果好很多，粘到眼皮上面很容易和皮肤贴合，非常自然。它可使单眼皮变成双眼皮，改变上眼睑的结构，方便画眼线，使眼睛看上去更大更有神采。其材质多为胶布、绢纱等（图1-25）。

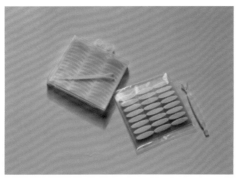

● 图1-25 美目贴

### 17. 修眉刀

修眉刀是修饰眉型及面部局部毛发必不可少的工具，携带较为方便。修眉刀有好几种类型：一种是单纯的刀片，拿着时需要小心，因为它非常锋利，建议没有一定化妆修眉经验的人不要轻易使用，防止刀锋划伤皮肤 [图1-26(a)]；还有一种是最常见的带刀柄的修眉刀，初学者可以使用，较为安全，但缺点是使用过几次之后，刀片很容易变迟钝不够锋利，需要换新的刀片 [图1-26(b)]。现在很多人都使用电动修眉刀，方便快捷，初学者也可以安全使用。由于眼周的皮肤是面部最薄最脆弱的，不管使用任何修眉工具都要小心谨慎，以免划伤皮肤影响健康与美观。

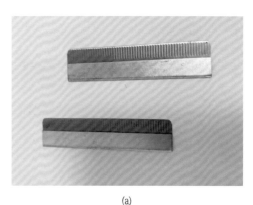

(a)

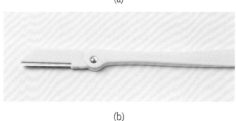

(b)

● 图1-26 修眉刀

### 18. 镊子

镊子的作用很多，经常被用来夹一些细小的材料，例如粘假睫毛或亮片等。常用的有圆头和方头的镊子，选购时注意两端镊嘴的平整与吻合（图1-27）。

● 图1-27 镊子

### 19. 小剪刀

小剪刀可以修剪许多小巧的材料，例如较长的眉毛、美目贴和假睫毛等，修剪后形状比较精致。要选择剪尖锋利、吻合度好的（图1-28）。

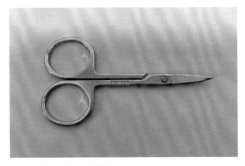

● 图1-28 小剪刀

## 二、常用彩妆材料

俗话说："巧妇难为无米之炊"。化妆离不开化妆材料，没有合适的化妆材料，什么化妆效果也体现不出来。好的化妆材料可以将设计很好地表达出来，化妆的过程也是熟悉化妆材料的过程。各种材料可以灵活运用，最后能达到需要的效果即可。目前市场上有许多以前没有的新式材料，这需要我们不断地去尝试和认知，以便化妆时选用适合自己的化妆材料。

### 1. 粉底

粉底是彩妆的第一步，种类有粉底液、粉底霜，还包括涂粉底之前用到的隔离和修容液等，它们都是打底时离不开的化妆品。生活妆中打底常用的是粉底液和粉底霜。建议皮肤较好的女性可以选择粉底液，它质地较薄，化妆后皮肤效果自然通透有光泽，不会很油腻，很适合中性、油性、混合性皮肤使用。粉底霜要比粉底液更厚实，里面含油成分较多，覆盖力更强，适合皮肤质地不是很理想的女性使用，特别是干性皮肤，擦后皮肤会有更滋润的效果。舞台妆则建议使用固体粉底霜，它的覆盖力非常强，带妆时间持久，演出几个小时也不会轻易脱妆。不同肤质、不同场合使用不同的粉底霜，它是化好妆面最关键的基础（图1-29）。

(a)

● 图1-30　眼影

**3.腮红**

　　腮红也分为粉质和液体两种质地，带给人不同的视觉效果。液体腮红更容易和粉底贴合在一起，看起来很有光泽，很自然时尚。很多腮红都是几个近似色组合在一个小盒子里，便于使用携带（图1-31）。

(b)

● 图1-29　粉底

**2.眼影**

　　通常画眼影使用最多的产品是粉质眼影，随着技术进步，现如今还出现了一些液体眼影产品，使彩妆效果更加富有通透的质感和时尚的气息（图1-30）。

● 图1-31　腮红

#### 4. 眉笔

眉笔的材质一定要硬一点不易断，这样才容易画出根根分明且清晰的效果，太软材质的眉笔不容易将笔头削尖，线条太粗不适合画精细的眉毛。现在很多人都使用一种旋转眉笔，笔芯很细不需要削，旋转出来使用非常方便（图1-32）。

● 图1-32  眉笔

#### 5. 眉粉

眉粉顾名思义就是粉状材质的画眉材料，由于它是粉质的，可以用其晕染眉毛，能够画出较为丰盈和毛茸茸的效果，和眉笔画出的效果形成虚实不同对比（图1-33）。如果没有眉粉也可以用颜色近似的哑光眼影代替。

● 图1-33  眉粉

#### 6. 眼线笔

眼线笔分为铅笔款和液体款两种材质。铅笔款画出的效果较为柔和自然，可以画出虚实兼具的眼线，但缺点是容易脱妆；液体款画出的眼线较为清晰利落，眼线会非常突出，非常牢固，一整天也不会掉色脱妆，所以可以根据实际造型需求选择不同的眼线笔（图1-34）。

● 图1-34  眼线笔

7. 睫毛膏

睫毛膏的作用是加长加密睫毛，涂抹后让眼睛看起来大而有神。现在的睫毛膏产品质量越来越好，能做到防水防汗，不会轻易脱妆，卸妆时还比较方便。一般分为自然型和浓密型，根据个人化妆风格需要进行选择（图1-35）。

8. 口红

口红可以分为哑光和油性两大质地。哑光口红给人以沉稳、成熟、低调的感觉 [图1-36(a)]；而油性口红也就是唇釉，给人性感、活泼和闪耀的感觉 [图1-36(b)]。可以直接将口红涂抹在唇部，也可以用口红刷蘸取口红进行涂抹，这样效果会更加均匀。

● 图1-35 睫毛膏

(a)

(b)

● 图1-36 口红

9.散粉与干粉

它们主要是定妆用的。粉底霜擦后面部会有一层油脂，容易脱妆，将粉质的散粉（图1-37）和干粉（图1-38）轻轻按压在面部，会将面部油脂吸干一部分，不易脱妆。但是如果面部肤质较干并且有皱纹，则不适合擦粉，这样效果会适得其反，皱纹和皮肤毛孔会更加明显。

10.遮瑕膏

遮瑕膏一般在粉底液和粉底霜之后使用，专门对局部小的斑点、痣或其他有瑕疵的地方进行修整覆盖，以达到妆后肤质细腻、白净、光滑的效果（图1-39）。

● 图1-37 散粉

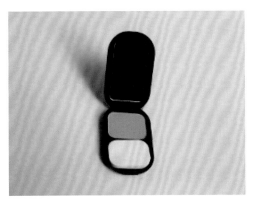

● 图1-38 干粉

● 图1-39 遮瑕膏

# 第二章　面部基本结构与化妆的关系

# 第一节 头部骨骼结构

## 一、颅骨的生理结构

学习化妆的第一步要了解颅骨知识。颅骨分为脑颅和面颅。脑颅位于头的后上方，由额骨、顶骨、蝶骨、枕骨等8块骨构成颅腔，也就是我们俗称的头顶（眉毛和耳朵以上为脑颅）。面颅位于头的前下方，由鼻骨、颧骨、泪骨、上颌骨和下颌骨等15块骨构成口腔，面颅也就是化妆的主体部位（图2-1）。

脑颅的顶骨居头部最高位，左右一对，前缘和额骨相接，左右与颞骨相接。枕骨位于顶骨后面，在头部后面接颈椎。

颞骨位于顶骨两侧左右各一，后接枕骨，颞骨与顶骨、蝶骨、额骨共同构成窝。颞窝是浅浅的微凹，面积较大，瘦人和老人尤其明显。额骨位于头顶前部，近似长方形，构成人颜面上方的大面，外表凹凸变化较多，上与顶骨相接，其中包括颞线、额丘、眶上缘、眉弓。

（1）颞线 使额骨正面与侧面呈现明显转折，也是区分人面上半部正面与侧面的界线。

（2）额丘 额骨上两个圆丘状突起，也称额结节。

（3）眶上缘 额骨的下边缘，分别为左右两个眶窝。眶上缘的外端有明显的突起称"丘"与骨相接，整个眶上缘是前额的凸面与眶窝凹陷的分界线。

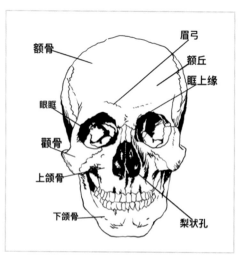

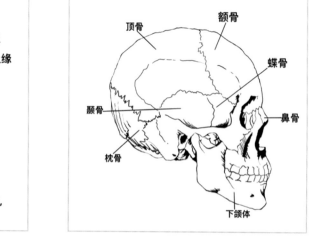

● 图2-1 颅骨的生理结构

（4）眉弓 在眶上缘上方，眉弓与眶上缘平行呈较短的弓状隆起。

面颅的颧骨是一对，位于面部两侧，四边形，厚而坚，向前与额骨、上颌骨相接，向后外方与颞骨、颧突相连。鼻骨一对，位于上颌骨额突的前内侧，构成鼻背的小骨片。泪骨一对，位于眶内侧壁前部，上颌骨额突与筛骨迷路的眶板之间，为薄而脆的小骨片。上颌骨左右各一块，位于面部中央，分为体部和4个突。骨体的上面构成眼窝的下壁，里侧面通连鼻道，在4个突起中，额突、颧突和腭突，各自和同名的骨块相连接，牙槽突有齿槽，其中有上颌齿。下颌骨位于上颌骨下方，分为水平部分的体和两侧垂直的支。体呈弓状，下缘光滑，上缘生有下牙槽（图2-2）。

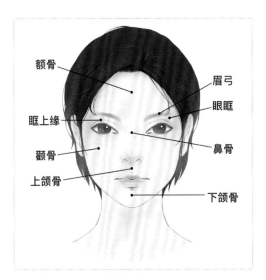

● 图2-2 面部结构示意

# 二、骨骼与化妆的关系

人的头部的形体结构是非常复杂的。除了五官和头颅的起伏、凹凸变化之外，在五官结构和头颅结构中，人的种族、民族、性别、年龄及个体特征都有一定的反映。因为人的生理结构基本相同，所以了解了人的头部骨骼结构，对分析、理解头部立体空间的概念，了解头部造型的基本特征有很大用处，可以在化妆中起到举一反三的作用。可以说头部骨骼是化妆造型的基础所在，为了更有效地化妆，装饰面部和头部，有必要对头部骨骼与化妆的关系进行相应的了解。

1.骨骼是修饰与塑造的生理依据

骨骼是人面部结构美的基本构架，面部骨骼的凹凸起伏形成了其丰富的立体变化。这些骨骼被皮肤和肌肉覆盖，在光照下形成面部的阴影和亮部，产生了立体结构。化妆必须遵循面部骨骼的真实生理结构，并以此为基础对面部进行矫形或者形象塑造。化妆时利用骨骼的凹凸原理和结构特点，对面部做立体和矫正的方法如下。

（1）依据骨骼的凹凸原理，通过不同深浅的底妆和阴影来塑造完美的立体结构（图2-3、图2-4）。在化妆中表现结构的起伏层次和脸部立体感时，要特别注意层次强弱的刻画，才能将面部塑造得立体生动。

（2）根据骨骼的结构，运用绘画的手段，主要通过明暗对比原理对面部不够理想的部分进行矫正。通过对基本结构的阴暗面进行调整，加上对五官的修饰，有些难题就能迎刃而解了。

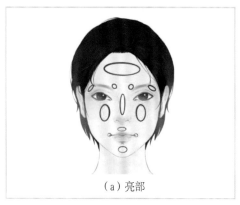

（a）亮部

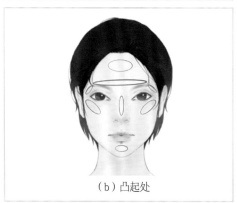

（b）凸起处

● 图2-3 面部凸起的部位

（a）阴影

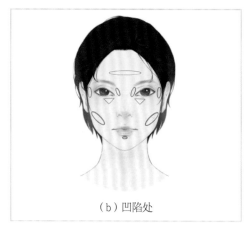

（b）凹陷处

● 图2-4 面部凹陷的部位

**2.骨骼是塑造形象特征的依据**

如果说绘画是在纸上进行创作，那么化妆就是在脸上进行绘画。不同的是绘画是从无到有，而化妆是在一定基础上进行修饰与创作。这种绘画的基础就是由面部的骨骼构成框架，肌肉和皮肤进行填充最终所组成的立体结构。

人的种族特征、民族特征、性别特征、年龄特征及个体特征影响着人的骨骼结构，而这些特征在骨骼结构中也都有反映。例如，一个人从出生到衰老面部骨骼的变化可以大致分为三个阶段：儿童阶段、青年阶段和老年阶段。在塑造形象中无论是把中年改变成青年，还是将青年改变成老年，首先依据的是面部的骨骼、肌肉在不同年龄阶段所呈现的状态，我们在塑造这些不同的人物特征时都应该以骨骼凹凸原理为出发点从而找到造型的依据。

# 第二节 面部肌肉结构

## 一、面部肌肉的生理结构

人体的肌肉是附着在骨骼外面包裹着骨头的，称为骨骼肌。因为它们都是被人的意识所支使的，所以又叫随意肌。只有面部的肌肉是大多数一头附着在骨骼上，另一头附着在皮肤上的。虽然它们也会受到意识的支使，但是它们最主要的是受到情绪的影响，传达人体面部复杂的细致情感，所以又被称为表情肌。表情肌会随着肌肉的反复运动而产生表情纹。

人体头部分布的肌肉分为咀嚼肌和表情肌两部分。咀嚼肌虽然对面部的情感表达也有作用，但主要作用是咀嚼。

面部肌肉的生理结构如图2-5所示。

1.咀嚼肌

（1）颞肌 颞肌呈现扁扇形形状，自颞窝开始，向下一直延伸至颧骨内侧。

主要在说话、咬合时活动。颞肌和咬肌的作用相同，并且会和咬肌同时进行运动。

（2）咬肌 咬肌是呈现长方形的一种强且厚的肌肉，开始于颧弓前半段骨面上，位于颧弓以下的颊部侧面。主要管开口和闭口，并起咀嚼作用。另外当人愤怒或抗拒外来刺激时，咬肌会收缩，隆现于皮肤外部，并与颞肌配合，也可表现愤怒、凶狠等表情。

2.表情肌

（1）额肌 额肌是颅顶肌的前额部分，向下一直延伸至鼻部，附着在其上端和两侧以及眶上缘的皮肤上。当额肌收缩时，眉头会抬得更高，眼睛睁得更大，表现出惊愕的表情。当额肌与皱眉肌配合运动时，可以表达悲哀等情绪。额肌的肌肉纤维是上下运动的，而肌肉生长方向与外表皱纹的生成方向呈垂直关系。所以，额部皱纹是类似于波纹形状的横行纹。以额头中心为界限，呈不完全对称的向上弧形分别分布于两边。

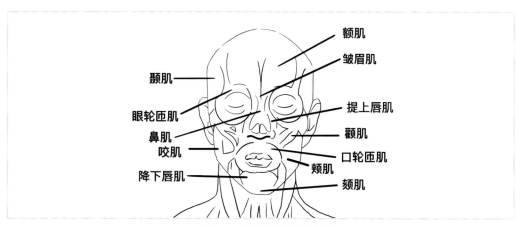

额肌
皱眉肌
颞肌
眼轮匝肌
鼻肌
咬肌
降下唇肌
提上唇肌
颧肌
口轮匝肌
颊肌
颏肌

● 图2-5 面部肌肉的生理结构

（2）皱眉肌 皱眉肌是两块左右分别与额肌、眼轮匝肌相交错，形状小而窄，倒金字塔形，位于两侧眉弓之间的人体肌肉。当皱眉肌收缩的时候，眉毛间会形成一个明显的凹沟，主要表达思考、烦恼等表情。因肌肉生长方向与外表皱纹的生成方向呈垂直关系，所以皱眉肌频繁活动会使眉间形成竖形的皱纹，形似"川"字。

（3）眼轮匝肌 眼轮匝肌是一块主管开闭眼睛和辅助表情的扁薄肌肉，它穿过眼皮，完全包住眼眶，肌肉纹理沿眼眶绕圈。人在开闭眼睛的时候，通常都是上眼皮的肌肉在作用，而下眼皮的肌肉一般是不动的。当眼睛闭合时，上眼皮会覆盖于下眼皮之上。眼轮匝肌深层的肌肉收缩的时候，能够使眼球突出，加强惊愕、愤怒、威吓等表情。由于眼部表情变化较大，且眼部运动较多，随着人的年龄增加，眼部周围容易产生放射状的皱纹，它的皱纹方向与眼轮匝肌方向垂直。

（4）鼻肌 鼻肌主要分为横部、翼部两个部分。横部左右与鼻梁相接，向鼻梁皮肤延伸，翼部向鼻部与鼻梁方向延伸并呈"十"字相交。因此鼻的皱纹是与鼻梁平行的。

（5）颧肌 颧肌起于颧弓前，位于上唇方肌外方，斜牵于颧丘和口角之间。当颧肌收缩时，脸颊容易形成弓形的凹陷沟纹，并牵动嘴角向上，显现出喜悦、欢乐的表情。

（6）提上唇肌 提上唇肌的上端分三个起始头，分别是内眦头、眶下头以及颧骨头，三头向下合而为一，附着在鼻翼两旁的鼻唇沟皮肤上。内眦头起于内眼角与鼻梁之间的骨面上，眶下头起于眶下缘，而颧骨头起于颧丘内斜下方的颧骨骨面上。提上唇肌另一部分相连于口轮匝肌，主要表达气愤、悲伤等表情。

（7）降下唇肌 降下唇肌是两块八字形生长的肌肉，它附着于下颌两旁的下颌体边缘，一直向上斜行至下唇皮下及黏膜内。降下唇肌可以使口角牵向外下方，能够表达不满、烦躁、痛苦及轻蔑等表情。

（8）颏肌 颏肌亦称颏提肌，它位于下唇系带的两侧，降下唇肌的深面，颏肌起自下颌骨的切牙窝，肌纤维在下行过程中逐渐增宽，并与对侧同名肌相接近，一直延伸至颏部皮肤。当颏肌收缩时，额部皮肤会上提，使皮肤产生皱褶，并将下唇前送，有轻视、怀疑的意味。

（9）口轮匝肌 口轮匝肌是一块位于面下部中央呈扁环形的肌块，是位于口唇内，与口唇皮肤和黏膜相连的肌肉，口轮匝肌至口角处与颊肌相平行。口轮匝肌的主要作用是保持上下唇以及面部的正常形态，并参与咀嚼、发音等。

（10）颊肌 颊肌是一块位于颊部深层、薄而扁平的长方形肌肉。虽然颊肌是表情肌，但是其功能主要与咀嚼相关。颊肌在发挥作用时会牵引口角向后，并使颊部更贴近上下牙列，以参与咀嚼和吮吸。

## 二、肌肉结构与化妆的关系

人们常说"相由心生，境随心转"，指的就是"相"随着心境的变化而变化。而肌肉的走势最能体现一个人的精神面貌。肌肉是附着在骨骼上的，可以与骨骼一起形成面部不同的形态特征。一个人面部丰满或消瘦的主要依据就是肌肉的厚薄和生长方向。

人的面部肌肉的活动，其实就是随着肌肉不断地收缩或扩张，表皮也随之运动。而肌肉也会随着年龄的增长逐渐失去弹性而萎缩，渐渐地，表皮就会开始失去依托，肌肉开始下垂，随之产生皱纹。

在化妆时，我们首先要了解人在不同年龄阶段肌肉的衰老程度，以及肌肉走向和产生表情的关系，再据此通过各种化妆手段来表现肌肉的下垂程度和走向，这样我们就可以画出不同年龄感的妆面。例如要画增加年龄感的妆面时，就要增加骨骼和肌肉形成的阴影来体现肌肉的下垂程度和走向，以此达到皱纹的效果。皱纹是由于肌肉运动而产生的，而每个人的经历和性格不同，在生活过程中的表情活动都不一样，所以面部的皱纹也不同。很多生活中保持乐观态度的人，肌肉会横向发展，眉间纹到了几乎没有的程度，鼻唇沟则呈弧形向外展开，给人一种慈祥可亲的感觉。对生活中经常持悲观态度的人，肌肉就会纵向发展，额上的皱纹明显，眉间皱纹硬而深，鼻唇沟离嘴近。所以我们在塑造不同人物的性格时要考虑性格、表情对肌肉走向所形成的影响。图2-6是肌肉结构与化妆的关系。

学习化妆通常要认识面部表层皮肤方面的知识，而学习和认识肌肉的位置、走向及状态后，可以了解各年龄段的肌肉特点，掌握面部内在的结构，在画年龄妆时会有较充分的依据，也会对画好生活妆有很大的帮助。

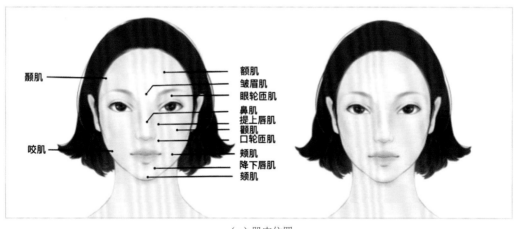

（a）肌肉位置

● 图2-6

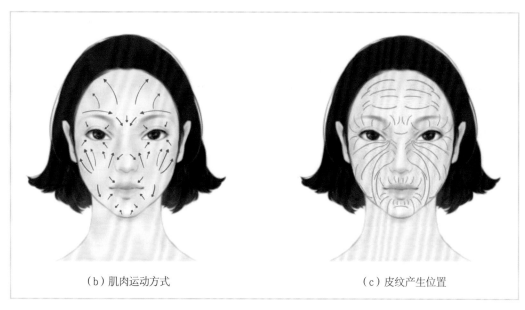

（b）肌肉运动方式　　　　　　　　　　　　　　　（c）皮纹产生位置

● 图2-6　肌肉结构与化妆的关系

# 第三节
# 面部比例关系
# 对化妆的影响

## 一、面部整体比例关系认知

　　了解人的面部比例关系，这是初学化妆的人要掌握的重要理论基础。国内某知名大学的一位舞台化妆专业的教授曾说过："在化妆设计中，面部比例关系是第一位也是最重要的。在比例关系和五官造型中，首先要调整好面部比例关系，再去修饰五官。"可见面部比例关系在化妆设计中占有多么重要的位置。例如有两个女孩，一个女孩的面部比例关系非常好，但是五官长得一般；另一

个女孩的五官长得都很标志，但面部整体和局部的比例关系有问题。那么这两个女孩哪一个化妆后的效果会更好呢？答案是第一个女孩。因为如果五官长得一般，但是比例关系很好，在化妆时只需调整刻画五官即可，化完妆的效果会非常好；而如果大的或局部比例关系有问题，即使五官刻画得很精致，那妆面最后的效果也会受到影响。因此，比例好是第一位的，它决定了面部大关系，先顾大再顾小，这样画完的妆容看上去会很协调。

　　面部上下、左右比例分为"三庭五眼"（图2-7）。"三庭"是指：从发际线到眉毛为上庭，从眉毛到鼻小柱为中庭，从鼻小柱到下颌线为下庭。如果这三庭中有一庭长度过长或过短，很容易造成长脸型或短脸型，因此面部长短主要是

由这三庭决定的。"五眼"是指面部的宽度，主要是指：从两个鬓角到左右眼的外眼角的距离，两眼内眼角之间"第三只眼睛"的距离及左右眼的长度，加在一起为"五眼"。它决定着面部的宽度，如果超过五眼的距离，说明面部偏宽，如果小于五眼的距离，则说明了面部偏窄。

五官之间的比例如图 2-8 所示，眉头与鼻翼接近一条垂直线会看起来比较舒服。鼻翼外侧、外眼角和眉尾这三点在一条斜线上，这种比例看起来也比较舒服。

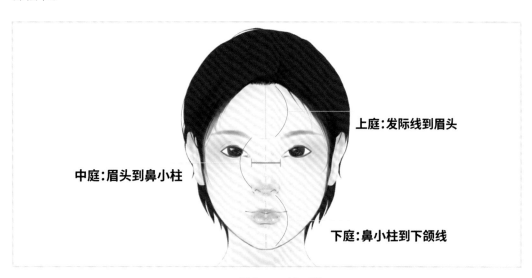

上庭：发际线到眉头

中庭：眉头到鼻小柱

下庭：鼻小柱到下颌线

● 图 2-7 三庭五眼

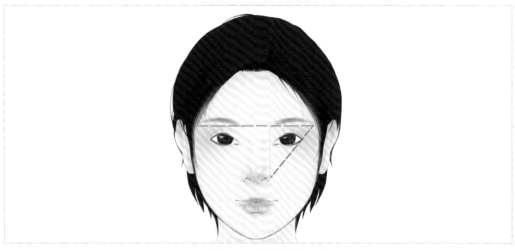

● 图 2-8 五官之间的比例

## 二、面部局部比例关系认知

认识了面部大的比例关系，我们再来认识一下上庭、中庭和下庭中较小的比例关系。局部的比例关系也非常重要，它与大比例相互影响，互相依托，成就面部整体与局部的关系。下面我们先介绍影响上庭比例的几个关键因素。

### 1. 上庭比例关系

上庭的比例与形状在面部关系中起到非常关键的作用，如果上庭长得漂亮，很多女性都喜欢将其露出来，反之则喜欢用刘海将其掩盖尽量不想让人看到。一般决定上庭比例关系的是它的宽度和长度，它们和发际线位置、眉毛位置有直接的关系。

（1）发际线和眉毛的比例关系及修饰方法　如果发际线和眉毛离得比较远，额头会较长（图2-9），反之会较短（图2-10）。如果额头短，有的人会剃掉一点发际线来增加额头的长度，但是剃掉毛发的部位会呈现一点青色，修饰不好看起来会不自然。还有一个方法是剃掉眉毛的上半部分，拉大眉毛和发际线的距离，然后将眉毛在眉下补画加粗，但是这个方法需要眉毛和眼睛之间有足够的宽度才可以实施，如果眉毛离眼睛距离太近，则不适合采用此种方法。因此在调整面部整体和局部比例时，需要调整的部位要结合周围的比例条件一起去考虑，不能只单纯地看这一个部位，否则调整后容易和周围比例不协调。

● 图2-9　长额头

● 图2-10　短额头

（2）刘海与上庭的关系及修饰方法　另外还有利用刘海遮盖的方法。额头太长或太短可以请发型师设计前面刘海的造型，将不足遮盖住，巧妙利用头发来扬长避短。例如长额头可以设计成短刘海，既可以遮住一半还可以露出一半额头，这样显得人较为活泼时尚（图

2-11）。如果额头很短，建议设计长刘海进行遮盖，这种发型不会显现出额头形态的不足（图2-12）。斜刘海对于短或长额头都比较适合，特别是较大的额头，这种刘海会显得面部较为生动，是生活中选择最多的一款刘海造型（图2-13）。

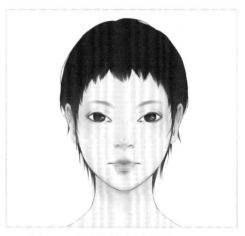

● 　图2-11　短刘海最适合长额头

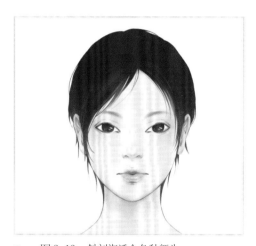

● 　图2-13　斜刘海适合各种额头

● 　图2-12　长刘海适合短额头

2.中庭比例关系

中庭位于面部的中间位置，起到连接上庭和下庭的作用，所以中庭比例是否合适，与上、下庭也有着密不可分的关系。中庭是五官最集中的部分，有眉毛、眼睛和鼻子，所以它的比例决定了五官在面部的效果。如果眉眼距太宽，鼻子太长，容易造成中庭较长的效果，这种形态的五官比较开，容易有年龄感，会显得成熟；反之中庭则会较短，五官容易紧凑在一起，会显得年龄小，有种娃娃脸的感觉。中庭的长短包括了眉毛和眼睛的比例关系，"五眼"的距离，还有鼻子的长短。

（1）眉毛和眼睛的比例关系及修饰方法

① 眉毛和眼睛的间距比例过宽 眉毛与眼睛的距离是否合适，关系到眼部的化妆效果，它是非常重要的局部比例，过长或过短都很不舒服。如果过长会造成中庭比例拉长，增强年龄感（图2-14、图2-15）。改善它的方法是：将眉毛上面剃掉一部分使眉毛变细，然后在眉毛下方再加粗一些，这个方法可以缩短眉眼之间的距离，调整后眉眼会变得较为舒服（图2-16）。

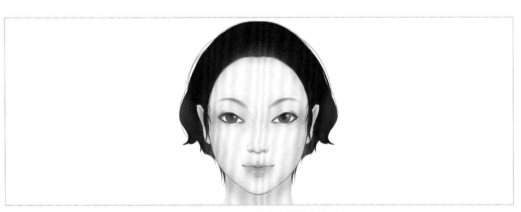

● 图2-14 上眼皮宽的整体效果

● 图2-15 上眼皮宽的局部效果

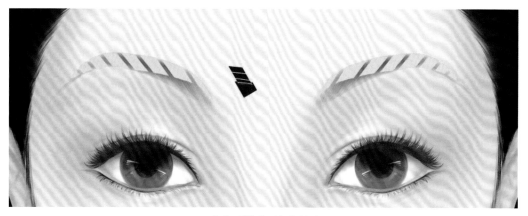

（a）刮掉上面部分眉毛

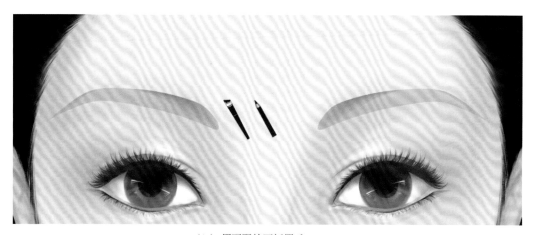

（b）眉下再补画新眉毛

（c）调整后缩小的上眼皮宽度

● 图2-16 缩短上眼皮宽度

② 眉毛和眼睛的间距比例过窄　一般专业的化妆师很怕遇到这种比例的人，因为调整起来比较麻烦费劲。眉眼距离过短也就是离得太近，会给人造成不够舒展、眉毛压眼的效果，很容易显得人比较凶悍，特别是眉毛又黑又粗时更会造成这种效果（图2-17、图2-18）。眉眼间距窄还会影响眼部眼线、眼影的刻画，不适合画粗眼线和颜色较深、较宽的眼影，也不适合戴假睫毛和将睫毛刷得太过浓密，因为这样会显得眉眼距离更近，从而影响到面部的整体比例状态。

这种情况可采用如下解决办法。a. 将眉毛的下半部分用眉刀刮掉，眉毛会变细，从而加长眉眼间距离。如果上庭的长度够长，可以在眉毛的上面加粗，画出一个理想的眉型（图2-19）。b. 眉毛的位置可以略微进行变化移动，但是眼睛却移动不了，所以距离短的眉眼化妆时尽量采用较浅的眼影颜色，因为浅色有一定的放大和扩张感，在视觉上有拉长上眼皮距离的效果，不会造成收缩感。c. 不要画太粗的眼线，因为粗眼线也会拉近眉眼之间的距离，细的眼线在提升效果的同时不会造成太大的影响。d. 不要用太长太浓密的假睫毛，因为同样会拉近眉眼间的距离，如果非要粘睫毛，建议使用较为稀疏且短的假睫毛，不能压缩眼部上面的空间。

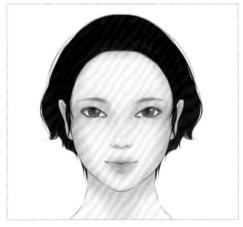

● 　图2-17　上眼皮窄的整体效果

● 　图2-18　上眼皮窄的局部效果

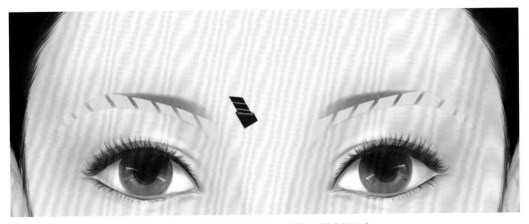

（a）刮掉下半部分眉毛，增加上眼皮的距离

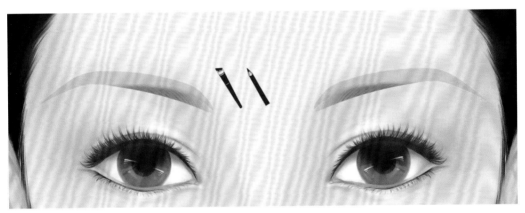

（b）眉毛上半部重新设计眉型

（c）调整后加宽了上眼皮宽度

● 　图2-19　加宽上眼皮宽度

（2）两个眉头和两内眼角的比例关系及修饰方法

① 两个眉头和两内眼角的比例关系太近　这种比例关系会使面部状态看起来比较紧凑，离得太近会给人很不舒服的视觉效果，容易留下眉头紧蹙或很有心机的印象（图2-20、图2-21）。眉头近有简单办法进行调整，可以将多出的眉头用刮刀剔除，增加眉心的间距。但是两内眼角间距近就只能采用化妆的手法来处理了，一般常用的是在两内眼角之间涂抹浅色和亮色化妆品，增加两眼间的距离感，绝对不能在内眼角处画眼线和深色眼影。可以将化妆重点移到外眼角处，画眼线和深眼影都没有问题（图2-22）。由此可以将人们的注意力移到外眼角处，忽略内眼角间距近的不足，起到扬长避短的效果。

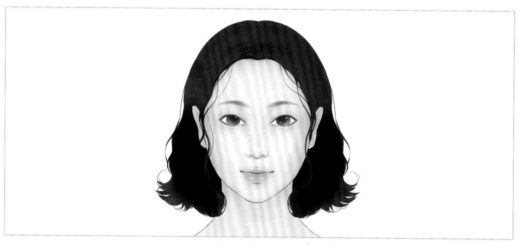

● 图2-20　眉头和内眼角间距太近整体效果

● 图2-21　眉头和内眼角间距太近局部效果

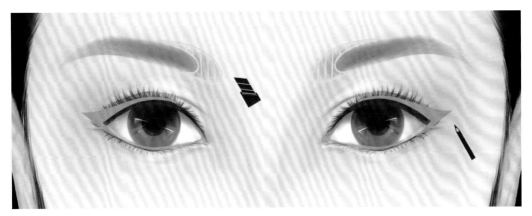

（a）将眉头刮掉一部分，将外眼角眼线与睫毛画长加粗

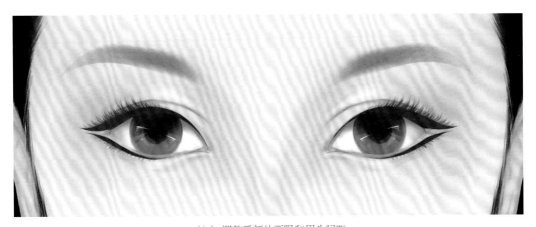

（b）调整后新的两眼和眉头间距

● 　图 2-22　加宽眉头和内眼角间距

② 两个眉头和两内眼角的比例关系太远　如果刚好眉眼是这种条件的人，不论男女都会给人一种没有心机、愚钝的感觉（图 2-23、图 2-24）。要调整这种形象就要将内眼角眼线拉近，还可以再涂抹深色眼影，缩短内眼角间距；眉头用眉笔画上眉毛，一根根画会更加自然有效果（图 2-25）。这样调整好比例，会增加人的机灵聪慧感，减少愚钝的气质。

● 　图 2-23　眉头和内眼角间距太远整体效果

● 图 2-24 眉头和内眼角间距太远局部效果

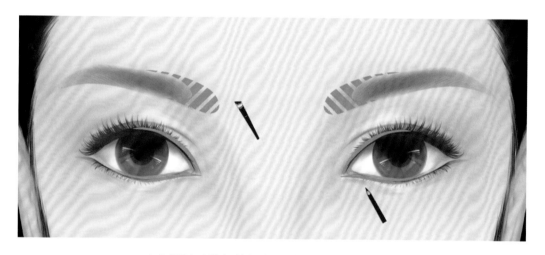

（a）眉头与内眼角重新画上眉毛与眼线，拉近眉眼间距离

（b）调整后新的两眼和眉头间距

● 图 2-25 缩短眉头和内眼角间距

（3）鼻子与中庭的关系及修饰方法　鼻子长短也是决定中庭长短的关键因素之一。鼻子长会使人感觉比较严谨成熟（图2-26），短则会显得活泼一些（图2-27）。鼻子和眉毛修饰方法不同，只能通过化妆运用色彩原理对其进行拉长或者缩短（具体修改方法可见鼻子化妆章节）。如果中庭长，通常情况下鼻子也会比较长，可将鼻子画短一些；反之，可将鼻子画长一点，有助于调整鼻子与中庭的比例关系。

（4）腮红与中庭的比例关系及修饰方法　如果中庭较长，还可以运用腮红将其在视觉上缩短。腮红适合画在苹果肌上，在前面画横向或者圆形腮红，不适合在面部侧面竖着或斜着画腮红，这样会使鼻子两侧的空间看起来面积过大。借用腮红将其填充一下，视觉上会丰富一些，不会显得中庭较空较长（图2-28）。如果中庭比较短，腮红可以采用竖向画法进行修饰。位置由外眼角开始，向下竖着描画至鼻翼平行处，这样看起来会有增加中庭长度的视错感（图2-29）。

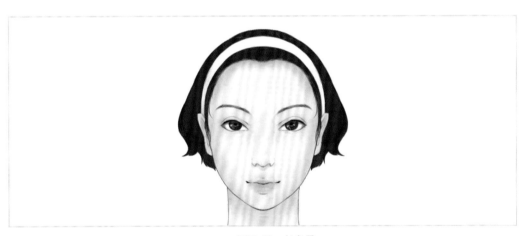

●　图2-26　长鼻子

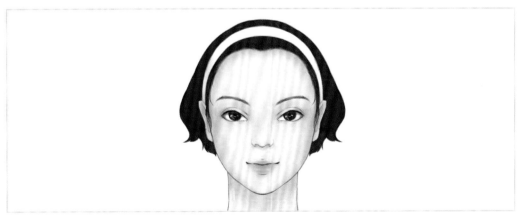

●　图2-27　短鼻子

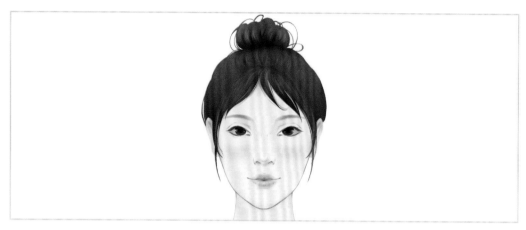

● 图 2-28 长中庭腮红的画法

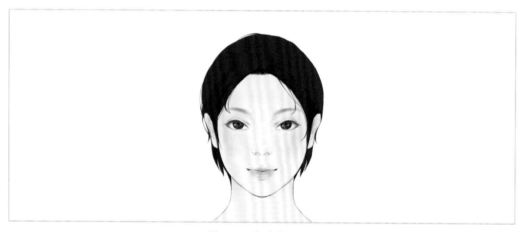

● 图 2-29 短中庭腮红的画法

3. 下庭比例关系

下庭虽然只有人中、唇部和下颌，但如果比例不好仍然会影响到整个面部的和谐。它主要分为两个局部部分的比例：唇部和人中的比例关系以及唇部和下颌的比例关系。

（1）唇部和人中的比例关系及修饰方法　如果人中较长，会显得下庭也长，显得人比较呆板（图2-30）。调整时要看人中下面的唇型，如果唇部上唇较薄，可以将其画厚，使人中变得稍短，调整比例关系（图2-31）。反之，如果人中较短（图2-32），在唇部条件允许的情况下，将上唇修改得薄一点，拉长人中的长度，视觉上会变得更舒服（图2-33）。以上情况必须是在唇部条件合适的情况下进行，如果唇部不符合要求，那改动的空间就不大了。

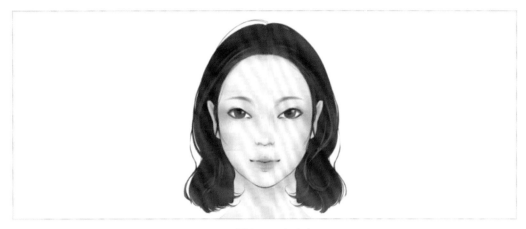

● 图 2-30 长人中

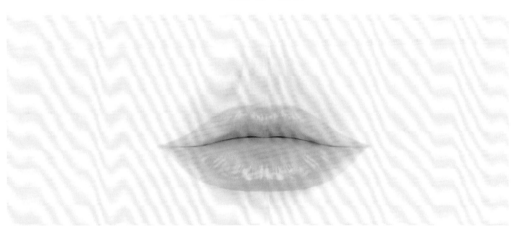

（a）长人中

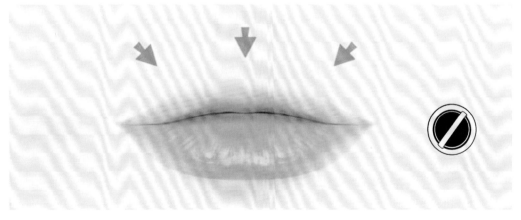

（b）上唇打底重画唇线

● 图 2-31

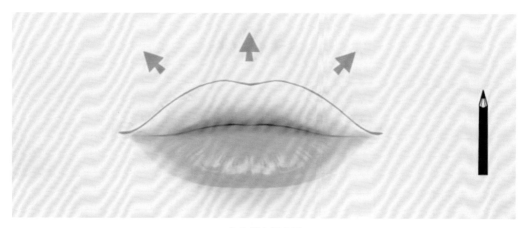

（c）将上唇变厚

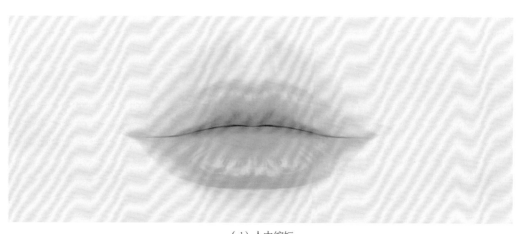

（d）人中缩短

● 图2-31 长人中变短

● 图2-32 短人中

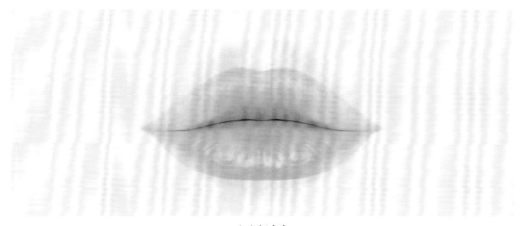

（a）短人中

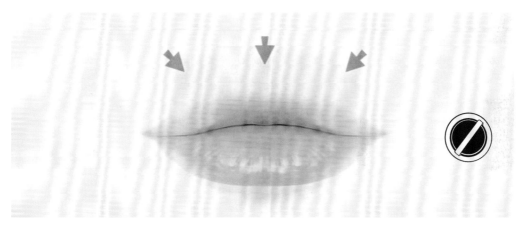

（b）上唇打底重画唇线

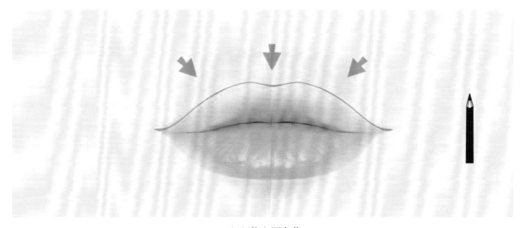

（c）将上唇变薄

● 　图2-33

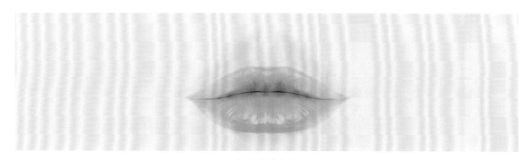

（d）人中加长

● 图2-33 短人中变长

（2）唇部和下颌的比例关系及修饰方法 生活中我们经常见到唇部与下颌之间距离较长或较短的人。一个女性如果拥有一个长下颌会显得不够优雅，如果拥有一个短下颌则会显得人不够精神，所以下颌长短也要适中（图2-34、图2-35）。

调整下唇厚薄的化妆方法如下。①如果下颌短，可以观察一下下唇是否够厚，如果有条件，用粉底遮盖下唇，可以将下唇修改得薄一点，拉长唇部与下颌之间的距离（图2-36）。②如果唇部和下颌之间的距离较长，下唇又不是太厚，可以将下唇厚度增加，缩短唇部与下颌之间的距离，使其视觉上变短一点（图2-37）。这是利用唇部调整法来改善下颌的长度，当然首先要看唇部的自身条件，是否允许将其变薄或者增厚。

● 图2-34 长下颌

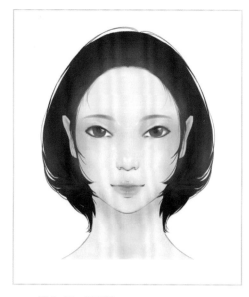

● 图2-35 短下颌

　　如果唇部条件不够，只能在下颌化妆的用色上来做文章了，可以利用色彩原理将其在视觉上拉长或缩短，具体调整方法如下。①长下颌可以利用阴影，根据下颌长度来决定阴影的位置，对长下颌进行视觉上的收缩（图2-38）。②短下颌不适合画阴影进行调整，而是要采用较浅较亮的颜色从下唇位置一直涂抹至下颌的最底部，利用浅色亮色的视觉扩张原理进行长度的调整，使短下颌看起来变长变丰满（图2-39）。

●　图2-38　长下颌，用阴影进行长度和宽度上的收缩调整

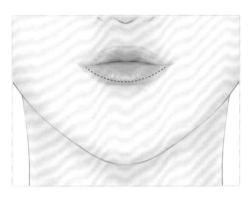

●　图2-36　缩小下唇厚度，增加下颌长度

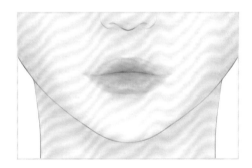

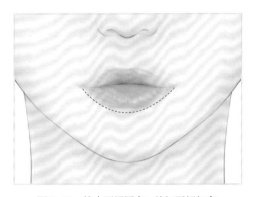

●　图2-37　扩大下唇厚度，缩短下颌长度

●　图2-39　短下颌，不能用阴影，要用浅色进行扩张调整

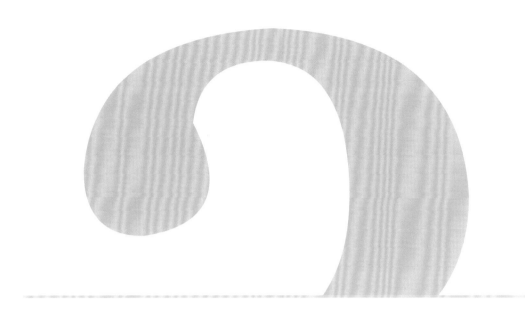

# 第三章 皮肤的打底及主要脸型修饰方法

在正式开始化彩妆时，第一步一定是打底，它是化彩妆的基础，也是越来越被重视的一个步骤。在日本、韩国等特别重视化妆的国家，可以不夸张地说，打底是化妆女性们最为重视的一步，有些女性甚至为了营造自然的裸妆效果，每次可以不画五官等其他部位，但打底是必不可少的，是坚决不可以省略的一个化妆程序。她们深知"一白遮百丑"的理论，认为拥有好肤色、好肤质、好的面部立体轮廓，比什么都重要。

# 第一节
# 皮肤的简单护理方法

# 一、皮肤的生理结构认知

皮肤总体上可以分为三个层次：表皮层、真皮层和皮下组织，其中皮下组织以脂肪为主（图3-1）。

表皮是皮肤的浅层结构，由复层扁平上皮构成。从基底层到表层可分为五层，即基底层、棘层、颗粒层、透明层和角质层。其中，位于表皮层最下方的基底层细胞与基底膜紧密相连，基底膜下方为真皮层。基底层细胞中有一部分是能够更新、增殖的干细胞，它们可以分裂出新的细胞，这些新的细胞逐渐向上一层组织生长、分化，依次形成棘层、颗粒层细胞，最后形成角质细胞。角质细胞呈鳞片状，互相交错在一起，角质层正常情况下有15～20层（图3-2）。

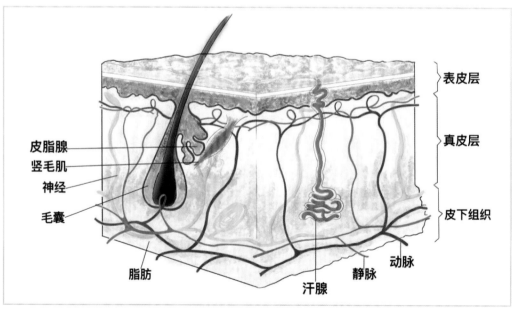

● 图3-1　皮肤的生理结构

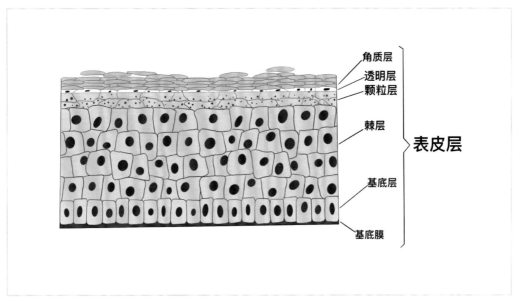

角质层
透明层
颗粒层
棘层
基底层
基底膜

**表皮层**

真皮层中有很多种细胞，其中最多的细胞就是成纤维细胞，它们负责分泌胶原蛋白、弹性纤维等，且能形成与水高度结合的环境。真皮层富有弹性，其内有血管、神经感受器。

真皮层下的皮下组织以脂肪为主，具有保温、缓冲、免疫防护、内分泌等多方面的作用。

另外皮肤中还分布着很多皮肤附属器，最多的是汗腺、毛囊、皮脂腺。

皮肤的生理功能主要有保护作用、吸收作用、感觉作用、分泌和排泄作用、调节体温作用、代谢作用和免疫作用。保护作用主要包括对机械性、物理性、化学性损伤的防护以及对微生物的防御作用。吸收作用是指通过角质细胞及其间隙、毛囊等来吸收外界的物质，角质层越薄吸收作用就会越强，角质细胞含水量大，吸收量就会较大。感觉作用就是皮肤触碰后有痛、温、烫、光滑、粗糙、软、硬等感觉。皮肤的分泌和排泄功能主要通过皮脂腺和汗腺完成。皮肤感受到温度变化并向体温调节中枢输送信息，再通过血管和汗腺的反应从而实现调节体温的功能。皮肤的代谢功能即皮肤细胞有分裂增殖、更新代谢的能力。皮肤的新陈代谢最活跃的时间是在 22 点至凌晨 2 点，在这期间有良好的睡眠对美容养颜颇有好处。皮肤是人体抵御外界环境有害物质的第一道防线，具有免疫功能。皮肤免疫系统主要分为免疫细胞和免疫分子两部分，它们形成一个复杂的免疫网，并与体内其他免疫系统相互作用，共同维持着皮肤微环境和人体内环境的稳定。

# 二、日常皮肤护理基础知识

## 1.肤质分类

提到人的器官时我们脱口而出的总是肝、胆、脾、胃、肾脏等，事实上皮肤也是人体很重要的器官之一，从面积来看皮肤是人体最大的器官。要想正确地呵护你的皮肤首先要鉴定自己的肤质。

（1）油性皮肤　油性皮肤的人面部皮肤粗糙，毛孔明显，且部分毛孔粗大，T字区可见油光，皮肤表层与橘子皮相似，肤色略深，易受污染，易生痤疮。这种肤质的人化妆容易脱妆，但不容易受外界刺激，不容易老化，面部皱纹出现较晚（图3-3）。

（2）干性皮肤　干性皮肤的人肤质细腻，皮肤较薄，毛孔不明显，皮脂分泌少而均匀，肤色较浅，皮肤比较干燥。干性皮肤的人化妆附着力强，不易脱妆，二十多岁的时候皮肤状态很好，但干性肌肤经不起外界的刺激，容易过早老化（图3-4）。

（3）中性皮肤　中性皮肤的人皮肤平滑细腻，有光泽，毛孔较细，油脂水分均衡，皮肤看起来红润有弹性，冬季偏干，夏季偏油。对外界刺激不是很敏感，不易长皱纹，是问题最少的一种皮肤（图3-5）。

（4）混合性皮肤　混合性皮肤混合干性、油性皮肤的特征于一体，一般前额、鼻翼比较油，毛孔粗大，油脂分泌较多，其他脸颊部位却是干性（图3-6）。

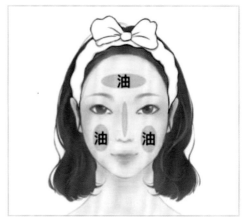

● 图3-3　油性皮肤

● 图3-4　干性皮肤

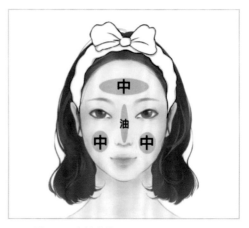

● 图3-5　中性皮肤

● 图3-6 混合性皮肤

● 图3-7 敏感性皮肤

（5）敏感性皮肤 敏感性皮肤的人皮肤细腻、白皙，皮脂分泌少，较干燥，但是皮肤容易过敏，经常发红。烈日、花粉、高蛋白食物等刺激也容易导致皮肤出现过敏症状（图3-7）。

（6）问题性皮肤 问题性皮肤的人多患有痤疮、酒糟鼻、黄褐斑、雀斑等问题，影响面部美观但没有传染性，不会危及生命（图3-8）。

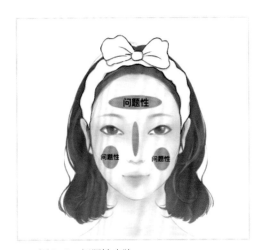

● 图3-8 问题性皮肤

2. 护肤的正确顺序及护肤品的使用

早晨护肤的顺序为：洗面奶→爽肤水→眼霜→精华→乳液→面霜→防晒霜[图3-9（a）]。

晚间护肤的顺序为：卸妆产品→洗面奶→爽肤水→眼霜→精华→乳液→面霜[图3-9（b）]。

（a）早晨护肤

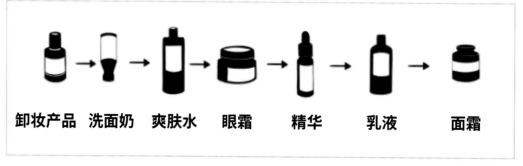

（b）晚间护肤

● 图3-9　护肤的正确顺序

（1）洗面奶　洗脸时不要冷热水交替，会导致皮肤异常敏感。油性皮肤早晚一定要使用洗面奶（图3-10）（可以搭配洁面仪），这样才会将油脂清洗干净，不容易堵塞毛孔；干性皮肤洗面奶和清水可交叉使用。冬天洗脸时要用温水，既保护皮肤还容易清洗污垢，洗脸后用毛巾或洗脸巾轻轻拍几下吸干水分即可，不要用力擦拭。

（2）爽肤水　洗完脸后最好马上用手指轻轻将爽肤水（图3-11）拍在脸上，补水保湿，如果皮肤太干，可以多拍几遍爽肤水，效果更滋润。干性皮肤可选择滋润型的爽肤水，油性皮肤可选择收敛型的，还有美白型等。不同的肤质选择的产品不一样，在购买时可以详细咨询销售人员。

●　图3-10　洗面奶

●　图3-11　爽肤水

（3）眼霜　25 岁之前建议用基础的保湿眼霜，25 岁后可用抗衰老眼霜（图3-12）。眼霜不仅要涂抹在眼睛下面，周边一圈都要涂抹到，早晚各一次。涂抹量不是越多越好，每次使用黄豆粒大小即可，涂抹后用手指轻轻敲打，让其渗透进皮肤，或以画圈的方式按摩。有些女性涂抹眼霜后眼周会起脂肪粒，这是由于眼霜里面的成分没有被皮肤很好地吸收而是附着在皮肤表面，说明这个产品不适合自己，建议更换其他更容易吸收的眼霜。

（4）精华　20 岁以后就应该开始使用精华，25 岁之前用基础保湿精华，25岁之后用抗氧化精华，30 岁之后用抗衰老精华。有时候如果没有眼霜，也可以将精华薄薄地涂于眼周，也会起到同样的护理效果。精华里面的营养成分较多，所以它在所有化妆品种类中的价格是较高的，很多女性在护肤时即使不使用其他润肤滋养类的化妆品，也要坚持使用精华。

（5）乳液或面霜　乳液和面霜建议至少要使用其中一种，帮助肌肤锁住水分，使皮肤处于滋润状态。油性皮肤的人可只用其中一个，建议使用乳液更合适，干性皮肤的人可以两者一起使用。乳液薄一点，面霜更厚一些，很多人习惯白天使用乳液，而在晚间护肤使用面霜（图3-13）。

（6）防晒霜　防晒霜（图3-14）一年四季每天都要涂，无论晴天阴天都要用。每次在面部轻轻涂抹一层即可，外出前 30 分钟涂好，夏天每隔 2 小时左右可补涂一次，在户外使用防晒喷雾很方便。在室内工作可涂防晒系数（SPF）小一点的防晒霜，一般 SPF 15 ～ 30 即可，室外用的防晒霜 SPF 可以在 30 ～ 60 之间。海边活动可以使用 SPF 最高的防晒霜。其实皮肤老化或各种不健康的状态，大部分是由紫外线引起的，所以想要拥有好皮肤，防晒是关键。夏天出门还可搭配遮阳伞或帽子进行遮挡，常年坚持，皮肤看起来会明显白皙。

● 　图 3-12　眼霜

● 　图 3-13　乳液或面霜

● 图 3-14 防晒霜

（7）卸妆产品 面部没化妆只涂了防晒产品也要卸妆，而且使用专业的卸妆产品（图 3-15）才可以清除面部上的残留物质。眼唇的彩妆卸妆要将化妆棉停留在眼唇部位 10 秒左右，会卸得很干净，卸妆完成后再用洗面奶将皮肤彻底清洗干净。卸妆产品有水和膏，根据自己的需求选择即可。

● 图 3-15 卸妆产品

（8）去角质 去角质这一步骤，干性皮肤建议 2～3 周 1 次，油性皮肤建议 1 周 1 次，中性皮建议 1 月 1 次，敏感肌建议尽量不要使用这类产品。

（9）面膜 清洁面膜建议 1 周 1 次，补水面膜建议 1 周 2～3 次，功能性面膜（针对自己的肌肤状态）建议可以 1 周 1 次（图 3-16）。

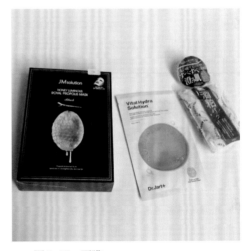

● 图 3-16 面膜

# 三、不同肤质的保养方法

### 1.油性皮肤的保养方法

使用具有控油、消炎、杀菌、去除多余角质功效的化妆品。适当补充水分，保持皮肤水油平衡。应选用功效温和且清洁较彻底的洁面产品。油性皮肤可以使用清爽型化妆水。注意尽量少用手去触摸皮肤。

### 2.干性皮肤的保养方法

应在每天早晚洁面后保养皮肤，促进天然保湿因子的合成，预防皮肤老化。使用一些保湿的护理产品，补充皮肤丢失的水分。注意防晒，减少皮肤水分的流失。尽量避免长期处在干燥的空调环境中。

### 3.混合性皮肤的保养方法

注意清洁局部油腻的部位。混合性皮肤应和油性皮肤一样使用清爽型化妆水。保湿乳液、亲水性面霜用于面部较干燥部位。防晒乳液或面霜要使用刺激性小的产品。

### 4.中性皮肤的保养方法

选用温和洗面乳或清洁液、保湿型化妆水、保湿乳液或面霜。

### 5.敏感性皮肤的保养方法

选用功效温和且偏酸性的洁面乳。不要使用含有酒精、香料的爽肤水。选用微酸性且无香料成分或标明敏感皮肤专用的面霜。要定期使用保湿面膜。

### 6.问题性皮肤的保养方法

选择微酸性洁面乳。使用不含酒精的护肤品。粉底使用高水分湿粉底。平时多补充维生素C。

# 四、一年四季的皮肤保养

图3-17所示为四季面部保养方法。

### 1.春季面部保养

（1）用接近体温的温水洗脸，可以使用性质温和且具有深层洁面成分的洗面奶，洗完脸后再用冷水轻轻拍打肌肤。

（2）洁面后，轻涂一层滋润霜或乳液，在眼部皮肤周围用营养型的眼霜，唇部用滋润型唇膏。

（3）定期使用面膜敷脸，配合蒸汽，皮肤能够更好地吸收营养。

### 2.夏季面部保养

（1）夏季的日常保养

① 夏季应尽量避免日晒，减轻毛细血管的扩张程度，同时降低血流速度。

② 在做面部护理时，可以使用防过敏的产品，降低皮肤温度，并且能够收缩血管。

③ 因为空调中的细菌很多，长期处于空调环境中的人，皮肤容易滋生细菌，其对皮肤有很大的伤害，所以要增加皮肤的补水与清洁护理。

④ 平时护理可使用补水精华素、补水啫喱等产品，以增加皮肤的水分和弹性，增强皮肤的抵抗力。

温水洁面　　　乳液　　　　面霜　　　　面膜

（a）春季面部保养

保湿水　　　保湿精华　　维生素 C　　芦荟胶

（b）夏季面部保养

防晒　　含油脂护肤品　　面霜　　　润唇膏

（c）秋季面部保养

温水洁面　　　眼霜　　　胡萝卜素

（d）冬季面部保养

● 图 3-17　四季面部保养方法

（2）夏季的晒后修复方法

① 补充大量水分　夏季阳光充足，晒后皮肤的水分大量流失，因此，时刻保持皮肤的充足水分是修复皮肤的首要任务，可以使用爽肤水（雾化特制保湿化妆水，可直接透过皮肤渗入皮下）或高保湿的海洋矿物喷雾水。

② 多补充维生素　维生素 C 可以帮助皮肤进行自我修复，并且排出皮肤中堆积的黑色素，起到美白的效果。也可以多吃富含维生素多的水果和蔬菜，都会有一定的护肤美白效果。

③ 涂抹芦荟胶　芦荟胶具有很好的舒缓镇静皮肤的功效，所以在皮肤被晒伤后，可以将芦荟胶厚厚地涂在皮肤之上，等待 20 分钟后用凉水清洗干净，这样能有效修复晒伤，并且降低皮肤晒伤之后带来的不适感。

3. 秋季面部保养

（1）秋季一定要注意皮肤增白，同时依然需要防晒。初秋宜使用含维生素 C、维生素 E 及胎盘素的润肤增白霜。

（2）深秋时，洗脸后要使用含油脂的护肤品，以保持脸部的润泽与光彩。

（3）面部补水的同时不要忘记眼部及唇部。

4. 冬季面部保养

（1）冬季用温水洗脸，这样容易洗净油污，给皮肤提供呼吸和吸收水分的机会。

（2）冬季眼睛周围柔嫩的皮肤比其他部位更加干燥，可以用毛巾热敷，再用眼霜轻拍，按摩眼睛周围的皮肤。

（3）冬季人体新陈代谢减缓，所以要多摄入可以使皮脂腺与汗腺的排泄、分泌功能保持正常的胡萝卜素，还应该适当摄入一些蛋白质含量高的食物，同时也要多吃新鲜的水果、蔬菜，多饮水。

# 五、青春保养小秘诀

1. 消除黑眼圈

产生黑眼圈的原因有：熬夜、长时间面对手机和电脑、多梦、肾虚等导致眼部皮肤血管血流速度过于缓慢形成滞流；组织供氧不足，血管中代谢废物积累过多，造成眼部色素沉积。

消除黑眼圈的方法：①良好的睡眠；②冷茶叶包或黄瓜片轻敷 10 分钟（图3-18）；③使用含维生素的眼霜，食用维生素含量高的食品；④补充水分；⑤减少食盐摄入量。

2. 生理期皮肤保养

生理期前一两天皮脂腺分泌旺盛，导致油脂过多，皮肤光泽度下降，所以要使用去油产品，在油脂较多的 T 字区可以涂一些平衡油脂分泌的精华素。

生理期时皮肤敏感易长痘痘，脸色蜡黄，这一时期皮肤较为敏感，应使用温和不刺激的化妆品，可以用偏酸性的洗面奶清除角质。

生理期结束后的七天内皮肤能快速地吸收营养，体内雌性激素分泌旺盛，皮肤新陈代谢速度快，这一时期要给皮肤做深层养分补给。

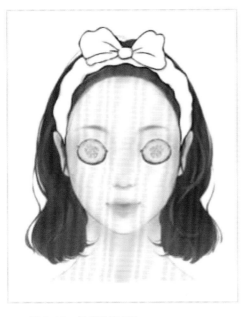

● 图 3-18　保护眼部皮肤

（a）

3.卸妆的正确方法及洗面奶的选择方法

（1）卸妆的步骤

① 先从眼唇部位开始，浓艳的眼唇彩妆可以使用专用的眼唇卸妆产品卸妆 [ 图 3-19（a）]。

② 卸脸部妆的时候，从额头、鼻子与下颌的 T 区部位开始用卸妆油轻轻地按摩，直到彩妆和卸妆产品完全融合 [ 图 3-19（b）]。

③ 用洗面奶再次清洁，用手指轻轻地打圈按摩，最后用清水冲洗干净 [ 图 3-19（c）]。

（b）

● 图 3-19

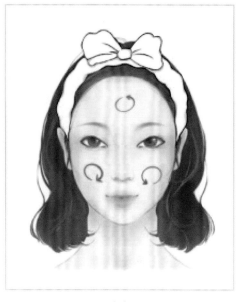

（c）

● 图3-19 卸妆步骤

（2）洗面奶的基本类型

① 泡沫型洗面奶　也就是表面活性剂型洗面奶，是通过表面活性剂对油脂的乳化能力而达到清洁效果。这类产品对水溶型污垢的清洁能力比较强。

② 溶剂型洗面奶　这类产品是利用以油溶油的原理来去除油性污垢的，它主要针对油性污垢，所以一般都是一些卸妆油、清洁霜等。

③ 无泡型洗面奶　这类产品结合了以上两种类型洗面奶的特点，既使用了适量油分，也含有部分表面活性剂。

（3）洗面奶的选择

①油性皮肤　油性皮肤的人因为皮肤分泌油脂比一般人多，所以需要选择清洁能力比较强的产品。通常可以选择泡沫洗面奶或皂剂洗面奶，其去脂力强，又容易冲洗，洗后肤感非常清爽。

②混合性皮肤　这类皮肤主要表现为 T 字部位比较油（图3-20），而脸颊部位一般是中性。所以这类皮肤要在 T 字部位和脸颊部位达到平衡点，不能只考虑 T 字部位清洁干净而选去脂力非常强的产品，尤其是在秋冬季节。此类皮肤在夏天一般适宜用泡沫洗面奶或皂剂类洗面奶，在秋冬季节，因为油脂分泌没有那么旺盛，可以换成普通型洗面奶。

● 图3-20　T区易出油

# 第二节
# 皮肤打底与脸型的
# 修饰方法

打底是在面部的皮肤上进行的一种行为，因此它和面部的形态、皮肤质感是密不可分的，这些因素会影响到打底后的效果。不同的脸型打底的方法亦不同，所以在学习化妆之前，一定要熟悉和认识各种脸型，这样才能在打底时选择适合的方案，不能对几种脸型使用千篇一律的方法。

## 一、几种主要脸型

不论是黄色人种、白色人种还是黑色人种和棕色人种（图3-21），他们都有属于自己的面部结构特点，但每个肤色的人种也都是分为好几种脸型的，下面将介绍几种主要的脸型。

● 　图3-21　肤色图

### 1.椭圆形脸

椭圆形脸的面部轮廓曲线柔和，长与宽比例协调，轮廓中没有明显的棱角，特别是下颌线条圆润，给人以柔美温和的感觉，女明星中韩国的宋慧乔、中国的张雨绮均是这种脸型。这种脸型也是最受大众欢迎的一种脸型，因此拥有椭圆形脸的女性，打底时不需要过多去修饰、调整脸型形态。如果五官长得比较立体，还可以省去"立体底妆"的修饰步骤，只需要关注皮肤的质地和色彩，将粉底均匀、柔和地平铺在面部皮肤上即可，既省力又出效果。因为它的好操作，在化妆师眼里也是最受欢迎的一种脸型（图3-22）。

● 　图3-22　椭圆形脸

**2. 正三角形脸**

正三角形脸是比较有特点的脸型，它上窄下宽，与几何正三角形近似，额头窄、下颌宽大，面部上下宽度差较大。这种下颌宽大的脸型缺点是显得有些笨重，不够机灵，但会给人较为稳重、踏实之感（图3-23）。

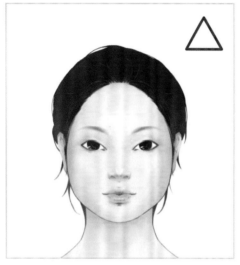

● 图3-23　正三角形脸

**3. 倒三角形脸**

顾名思义，倒三角形脸和正三角形脸的特点刚好相反，是上宽下窄的形态。上庭过宽、下庭过窄放在一起感觉会有点不协调。下庭窄会产生一定的机灵感，是这种脸型的优点（图3-24）。

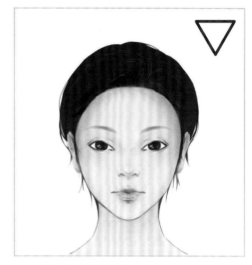

● 图3-24　倒三角形脸

**4. 长方形脸**

长方形脸是因为三庭都较长，或者是其中一庭比较长，并且上下庭的轮廓带有一定的棱角，所以会形成长方形脸。这种脸型一般五官长得较开、不紧凑，所以看上去给人感觉较为成熟，有一定的年龄感，也会给人造成不太机灵的感觉（图3-25）。

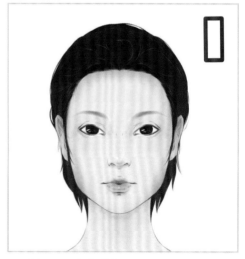

● 图3-25　长方形脸

### 5. 正方形脸

所谓正方形脸就是前额和下颌处带有明显的棱角，面部长度和宽度尺寸接近。此种脸型的人会比较有稳重感，男性拥有这种脸型会感觉踏实稳重，但如果女性拥有此种脸型，则容易给人生硬、沉闷、不秀气柔和的感觉（图3-26）。

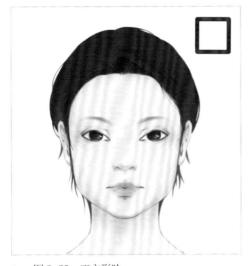

● 图3-26　正方形脸

### 6. 圆形脸

圆形脸上下轮廓都较圆，没有棱角，长与宽比例接近。在女性中这是一种常见的脸型，特别是年轻的女性，由于面部胶原蛋白充盈饱满，很容易形成圆圆的脸型。这种脸型的优点是看上去很有活力，五官容易集中，有可爱、活泼、年龄显小的特点。缺点是随着年龄的增长，有时候会给人一种不成熟、稚嫩的印象（图3-27）。

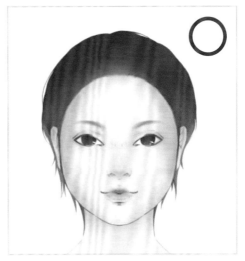

● 图3-27　圆形脸

### 7. 菱形脸

菱形脸亦称为申字脸，它的特点是面部上额、下颌部位形状较窄，面部中间颧骨处较宽并突起，骨骼立体结构较强，线条突出分明，视觉上比较硬朗。女性拥有此脸型会有种比较强悍英气的感觉，不够柔美（图3-28）。

● 图3-28　菱形脸

## 二、使用底色修饰面部立体感

涂底色的目的是为了让皮肤看上去更美更健康，也为了画彩妆时更出效果，具备这几种状态的皮肤才能涂底色：①皮肤光滑细腻，没有明显的毛孔和皱纹；②有健康而干净的肤色，没有粉刺、斑点，东方人大都以白皙为美，认为"一白遮百丑"；③肤色不暗沉，拥有漂亮的光泽感，看起来健康剔透。

如果你的皮肤没有达到以上几种状态或者缺少其中的一种，那么通过化妆给皮肤打底色会使不太理想的肤质改变不少。另外，可以利用不同深浅的底色，塑造出我们想要的面部立体效果，增强妆面的立体感，丰富人物的形象需求。亚洲人普遍面部立体感不够鲜明，有不少女性比较喜欢欧美人的面部立体感，因为面部立体感会让女性面孔看起来更时尚、大气、有轮廓感。用底色修饰面部立体感主要有以下几个步骤。

（1）先将最基础的底色打好（图3-29）。一般最基础的底色不是最白的，因为后面为了立体效果还需要打高光，高光色和底色要有一定区分，否则不会有立体效果。因此，底色要根据化妆者本身的肤色来决定，比自身肤色白一度即可，并不是越白越好。

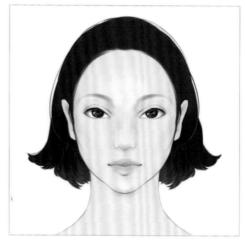

● 图3-29 打底色

（2）打完基础底色后，再接着打面部的阴影色，阴影色要根据基础色来选择，一般比基础色暗1～2个色号。画完最好的效果是在面部能形成自然的阴影结构，阴影和底色交接处过渡要柔和，不能有明显的边界线。涂阴影色的部位主要在颧弓下陷、脸颊两侧、鼻侧、下颌或额头发际线等部位（图3-30）。

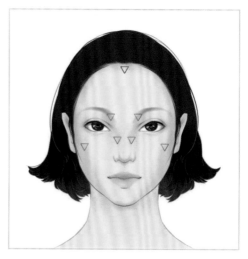

● 图3-30 倒三角部分上打阴影

（3）下面一步是打高光。基础色和阴影色都有了，最后还需要在面部凸出部分打上高光色，这样基础色、阴影色和高光色三种色彩层次，会让面部看起来更立体，层次感更丰富。高光部位主要在额头中间、鼻梁、眉弓骨、眼睛下面三角区域、嘴角及下颌凸出处等部位，如图 3-31 所示（圆圈的部位适合画高光）。在这些位置涂上高光后，立体感会立刻显现出来。但要注意高光色的选择，一般比基础色高 1～2 个色号即可，不可差距太大，否则容易看上去很不自然，会影响妆面效果。

（4）上述三步结束后，再用散粉定妆，保证底妆的巩固和持久，一个完整、有立体感的底妆就完成了。

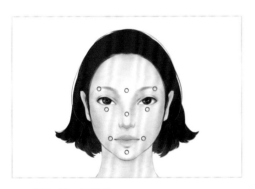

● 图 3-31 画高光

## 三、利用底色对几种脸型进行修饰的方法

每个人面部生来就不一样，有些脸型会带给人视觉上的不舒适感，想利用化妆调整脸型最好的方法就是采用不同底色进行脸型上的修饰与调整。

1. 正三角形脸

（1）打底调整方法 这种脸型的缺点是上窄下宽，上轻下重，脸型不够匀称，重心下垂，所以可采用如下方法打底。

① 采用略浅的颜色涂在比较短窄的上庭，使上庭显得宽一些，不需要在额头与发际线交界处打阴影。

② 如果涂了浅色粉底之后上庭宽度还不太理想，也可借用头发刘海进行遮挡，让人不会注意到上庭的不完美。

③ 重点是将下庭下颌处较宽两侧用阴影色打暗进行收缩，一定注意阴影色不可过深，过渡处要和底色自然衔接，否则会给人不自然和唐突之感。

④ 面部高光的部位也可适当提亮，吸引别人的注意力，忽略两侧脸颊的不完美。最后的完成效果视觉上尽量接近椭圆形脸（图 3-32）。

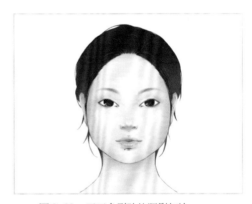

● 图 3-32 正三角形脸的阴影打法

（2）发型设计　正三角形脸的缺点是上额较窄，两边的下颌骨较宽，所以在选择发型的时候，建议不要将上额完全露出来，可以适当地用刘海掩饰，两侧较宽的下颌也可以用头发进行遮挡。将缺点掩饰起来，看起来面部比例会协调一些（图3-33）。

② 下庭与上庭相反，要对下庭进行视觉上的扩张处理，采用浅色、亮色进行涂抹。不能在下颌处打阴影色进行收缩，而是要用浅色将下庭变得丰满，在视觉上尽量做到缩小上下比例差，看起来整体比例更舒服一些（图3-34）。

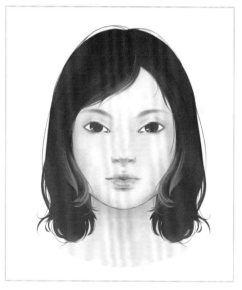

● 图3-33　正三角形脸的发型修饰

● 图3-34　倒三角形脸的阴影打法

2.倒三角形脸

（1）打底调整方法

① 上庭不可以大面积采用浅色和亮色粉底进行涂抹，可以在眉毛上方及额头的中心部位用少许亮色，但是额头与发际线交接处要采用阴影色进行涂抹。要参考额头的具体条件，额头大用的阴影色面积就要大一些，起到收缩和后退的作用。

（2）发型设计　倒三角形脸最大的特点是额头部分比例较大，为了不使额头与其他部位比例对比过于悬殊，可以用刘海遮挡额头，刘海的长度与宽度应根据实际情况决定。总之，盖住部分额头后露出来的面部比例看起来要舒服和谐（图3-35）。

图 3-35　倒三角形脸的发型修饰

● 图 3-36　长方形脸的阴影打法

**3. 长方形脸**

（1）打底调整方法　这种脸型的特点就是长和方，因此让长的地方缩短，让方的地方变得圆滑一些是化妆调整的重点，具体打底调整方法如下。

① 如果是上庭、中庭、下庭都较长，就采用缩短上庭和下庭的方法（前面都讲过具体调整方法）。

② 中庭长一般都是鼻子较长造成的，缩短方法主要是缩短鼻子的长度（具体方法见鼻子的修饰方法）。

③ 将上庭和下庭带棱角的部位进行减弱，使这些部位由方形变得具有一定的曲线，看上去面部线条更加柔和，更接近椭圆形脸的比例（图 3-36）。

（2）发型设计　长方形脸可以利用刘海和两侧的头发对其进行掩饰，遮住上面和下面较为有棱角的部分。另外在发型的设计上，不适合留又长又直的头发，因为这样会拉长面部。头发长度可以尝试留到肩部稍微往上的位置，并加大头发横向的宽度，使其两侧较为丰满，这样在视觉上面部也不会显得那么长了（图 3-37）。

● 图 3-37　长方形脸的发型修饰

4. 正方形脸

（1）打底调整方法

① 额头中间可以涂抹一些浅色、亮色粉底，避免在额头至发际线交接处提亮，因为会突出方额头的缺点，应该将额头方形处及两侧涂上阴影色进行收缩后退视觉处理，削弱额头边上棱角突出的形态。

② 下颌中间处可以涂抹亮色，越往下越窄，起到拉长及调整下颌形态的作用，也要将下颌亮色的两侧涂上阴影色，视觉上有收缩下颌两侧棱角的作用。

③ 面颊两侧要涂上阴影色，有缩小面颊和面部线条变圆滑的感觉，调整后面部视觉上接近椭圆形（图3-38）。

④ 最后还可以运用头发这一有利条件，将突出的缺点巧妙地用发型遮住，扬长避短，看上去会特别自然。

● 图3-38 正方形脸的阴影打法

（2）发型设计 正方形脸的不足之处是额头和下颌都有棱角，比较方，容易使女性的面部看起来较刚硬，缺少女性柔美的气质。这种脸型可以留中长的

大波浪发式，增加面部的柔顺感并稍微拉长面部的视觉感。用适量的头发将面部棱角处遮住，掩饰后的脸型看起来尽量接近标准型（图3-39）。

● 图3-39 正方形脸的发型修饰

5. 圆形脸

（1）打底调整方法

① 首先在脸两侧竖向涂抹阴影，将脸型拉长变窄。圆形脸的特点是长宽尺寸相近，轮廓线条较圆。变窄之后能增大面部宽窄的差，使脸型接近椭圆形脸。

② 提亮面部中间部位的高光，高光和阴影形成色彩对比而增强面部立体感，利用色彩属性增加面部修长的视觉感（图3-40）。

③ 还可利用发型进行修饰，适当增加头发的高度而不要加强头发的宽度。前面刘海不要剪成平的，容易将面部缩短，可以修剪成斜线型，打破面部的圆形线条，将线条变修长，产生瘦脸的视觉效果。

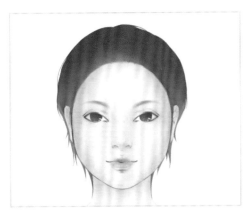

● 　图3-40　圆形脸的阴影打法

（2）发型设计　这种脸型的特点是缺少一定的线条感，因此在发型设计上可以着重利用刘海来遮盖一下前额，使前额有一定的斜度，打破脸圆的视觉感。另外还可以采用扎丸子头的方法，增加头发的高度，拉长面部的长度（图3-41）。

● 　图3-41　圆形脸的发型修饰

6.菱形脸

（1）打底调整方法

① 首先要用色彩处理凸起的颧骨，用比底色暗一度的粉底进行涂抹，使其视觉上变得后退和平整，绝对不能用亮色将其凸出来。

② 还可以在颧骨周围用稍亮和浅色的粉底进行涂抹，将低处抬高，这样缩小颧骨和周围面部结构的高低对比差。利用浅色粉底扩大下颌的宽度，减少和颧骨的宽度对比差（图3-42）。

③ 增加头部上额和面部两侧的发量，也是减少颧骨突出的视觉感的方法，可转移减弱突出部位视线的注意力。

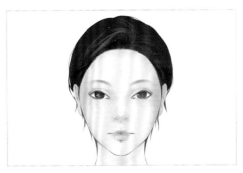

● 　图3-42　菱形脸的阴影打法

（2）发型设计　菱形脸的颧骨部分较为突出，显得面部过宽，有硬朗的视觉感。首先这种脸型的上额都不太饱满，可以用部分刘海进行掩饰。可以将侧面头发剪出层次，对颧骨位置进行掩饰，扬长避短，使脸型看起来更接近标准型（图3-43）。

● 　图3-43　菱形脸的发型修饰

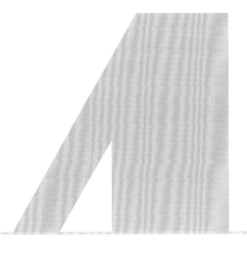

# 第四章　五官的化妆方法

# 第一节
# 眼部的化妆方法

## 一、眼部的几种形态认知

眼部与其他五官不同，被人们称为是"心灵的窗户"。它是最容易将人们心理活动与情感传递出去的五官之一，因此在化妆中也是化妆师最着重刻画的部位之一。之前我们描述了几种主要脸型，眼睛也有几种主要形态，分别包括：双重睑眼睛、单眼皮眼睛、圆眼睛、细长眼睛、上吊眼睛、下垂眼睛、下陷眼睛、肿眼睛等，下面具体描述认识一下眼睛的不同形态。

### 1.双重睑眼睛

由于人种的不同，双重睑眼睛的人在西方比例较大，东方人以单眼皮居多。

双重睑就是大家平常所称的"双眼皮"（图4-1），分为宽和窄两种。一般而言，眼皮宽眼睛也会比较大，眼皮窄眼睛也会相对小，但也不是绝对的，也有眼睛很大是窄双眼皮或单眼皮的现象。双重睑眼睛比较受女性的欢迎，因为它的结构使其在眼线等方面的刻画上较为方便，易出效果。

### 2.单眼皮眼睛

东方人中单眼皮眼睛的比例较大。单眼皮一般分为三种，一是大眼睛单眼皮，二是小眼睛单眼皮，还有一种是内双眼皮。单眼皮眼睛的优势是看起来比较古典、秀气，缺点是有的单眼皮看起来有些呆板，特别是由于上眼睑部位的结构，眼线和睫毛的形态不容易得到充分展现（图4-2）。

● 　图4-1　双重睑皮眼睛

● 　图4-2　单眼皮眼睛

3.圆眼睛

圆眼睛的特点是形状较圆，长度和宽度非常接近，这种眼型给人的感觉是较为机灵、聪慧。圆眼睛比较适合女性，看上去有活泼可爱的感觉（图4-3）。

4.细长眼睛

细长眼睛的长度比宽度长出很多。优势是有东方韵味，造型妩媚清秀；缺点是偏细长，缺少宽度，看上去容易给人产生不精神的印象（图4-4）。

5.上吊眼睛

上吊眼睛的比例不是很大。这种眼型的特点是眼尾向上，优点是看上去比较精神，缺点是这种眼型给人以精明、严厉、不和气的感觉（图4-5）。

6.下垂眼睛

下垂眼睛的眼尾向下，眼尾低于水平线。这种眼型的特点是看上去不够精神没有脾气，但是给人感觉较为和气，不严厉（图4-6）。

● 　图4-3　圆眼睛

● 　图4-5　上吊眼睛

● 　图4-4　细长眼睛

● 　图4-6　下垂眼睛

### 7.下陷眼睛

下陷眼睛主要指上眼睑部分脂肪较少，会形成比较明显的眼窝。这种眼型在人年轻时候还好，眼窝有点下陷，给人感觉比较精神，看上去会有一定的立体感，但是这种眼睛的人到了一定年纪后，由于皮下脂肪越来越薄，眼窝会更加深陷，会带给人疲惫、不精神和苍老的感觉（图4-7）。

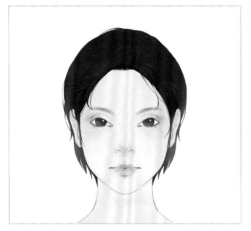

● 　图4-7　下陷眼睛

### 8.肿眼睛

肿眼睛是由于上眼睑皮下脂肪过厚形成的状态，上眼睑看上去厚厚鼓鼓的。这种眼型由于形状向外凸出，在化妆时会给造型和色彩搭配造成一定的阻碍，需要用色彩进行调整，是最难修饰的一种眼型（图4-8）。

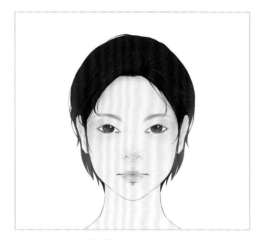

● 　图4-8　肿眼睛

## 二、不同眼型的修饰方法

不同形态的眼睛化妆方法不同，不能千篇一律，下面介绍不同形态眼型的修饰方法。

修饰眼部主要可以通过描画眼线和涂抹眼影等方法来进行，运用眼线的粗细线条，色彩的冷暖、深浅等原理来进行眼部修饰与调整。

### 1.眼线的种类及画法

在眼部的修饰上，画眼线是极其重要的一种方法。它的作用是调整眼睛形状，装饰眼睛外观，从而达到美化眼睛的作用。下面介绍几种眼线的画法。

（1）细眼线　细眼线就是根据眼睛本身的形态进行描画，不需要有什么夸张的设计，简单理解就是眼型本身没有缺点，只是为了寻求一种自然的感觉。其画法是沿着上眼睑的睫毛根部开始描画，在外眼角三分之二的部位略微加粗一点，然后分别向内眼角和外眼角进行描画，线条越来越细，看起来要非常自然。要注意紧贴睫毛根部，不能在眼线和睫毛根部之间留有一条空隙，看上去像一条白线，眼线和睫毛根部要很好地重合在一起，眼线尾部可比眼尾略微长出1~2毫米，不要太长否则看起来不自然。追求自然妆效的女性一般喜欢选择这种眼线的画法（图4-9）。

（2）常用眼线　常用眼线用于普通的妆面中，化妆者可以让人看出来有化妆的痕迹，因此就要求眼线看上去有效果但不能太粗太夸张。画法也是要沿着睫毛的根部进行刻画，靠近外眼角三分之二处最粗，眼尾处画长2~3毫米，越向两边越细。画完后的眼线要和上睫毛浑然一体，线条利落干净，既达到装饰性又不夸张，效果如图4-10所示。

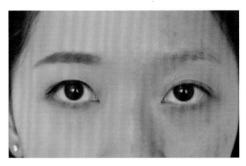

●　　图4-9　细眼线

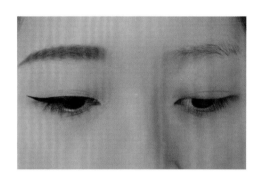
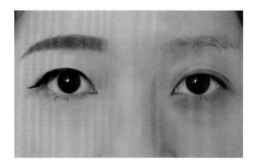

●　　图4-10　常用眼线

（3）粗眼线 粗眼线一般用于比较夸张的妆面中，起到一定的戏剧化效果。妆面可以张扬有个性，较受年轻和时尚女性欢迎。画法是沿着睫毛的根部进行描画，特点是比一般眼线要宽很多，在眼尾处要明显拉长，将眼型本身描画得非常夸张和隆重，适合娱乐、晚宴或演出等场合，给人以艳丽时髦的印象（图4-11）。

（4）假双重睑眼线 假双重睑，顾名思义不是真的双眼皮，而是通过化妆手法画上去的，看起来像真的双重睑一样。所有单眼皮的女性不可能都去做美睑手术，很多不做美睑术的女性也可以通过化妆来实现拥有双重睑的效果。但是这种画法不是所有眼睛都适合，比如眉眼距离窄的女性就非常不适合，因其要有一定的距离条件，可以有空间将假双重睑摆放进去，画完后眉眼之间比例正常，效果舒适为宜。还有一种就是肿眼泡的眼睛，画这种眼线效果也不是很理想。具体画法如下：①将上眼睑上方先设计出一条眼线并将其填满；②在这条眼线的上方，再设计出一条眼线，注意这条眼线要模仿真实眼线画细一点，不可以画得太粗否则会感觉粗糙和不自然；③两条眼线完成后，中间会留出一道浅色线条，是之前的打底色彩，如果画得比较精致，这种眼线看上去会比较逼真，和真的双重睑效果非常接近，这样假双重睑就画好了。这样的眼睛看起来会比之前的单眼皮大很多，比较适合舞台妆等相对夸张的妆面，生活中如果需要也可以画，但不可画得太过夸张，以免出现不自然的效果（图4-12）。

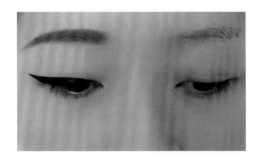

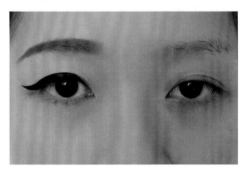

● 图4-11 粗眼线

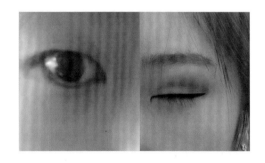

● 图4-12 假双重睑眼线

2.各种眼型眼线的画法

上一小节列举出有双重睑眼睛、单眼皮眼睛、圆眼睛、细长眼睛、上吊眼睛、下垂眼睛、下陷眼睛、肿眼睛这几种眼型，下面对这些眼型的眼线如何描画进行说明。

（1）双重睑眼睛　双重睑眼睛是最受女性欢迎的一种眼型，因为双重睑结构可以使几种眼线任意展开，效果较好，并且在涂抹眼影和粘假睫毛方面有一定的便利性。双重睑眼型没有什么需要调整的地方，眼型比较标致，因此可以在上面做各种造型设计（图4-13）。

（2）单眼皮眼睛　东方女性中单眼皮眼睛的人数较多，是最为常见的一种

眼型。这种眼睛有两种类型及两种相应的修饰方法。一种是较为大的单眼皮眼型，在化妆时不需要将其形状变大，改变单眼皮形态，而是直接在单眼皮上面画眼线和眼影，突出单眼皮特点。二是较小的单眼皮眼睛，需要通过化妆将其眼型变大，单眼皮眼睛如果眼线正常描画，睁眼后眼线会被上眼睑盖住，看不出效果，这种情况下要将上眼线加粗加宽，眼线在眼尾处稍微加长，画完后眼部轮廓会明显加大，然后可以在眼线上面涂画深色眼影（图4-14）。还有的人不画眼线，直接在上睫毛根部描画深色眼影，也会达到类似效果，小单眼皮会变成大眼睛。

● 　图4-13　双重睑眼睛眼线

（a）单眼皮眼睛闭上眼的眼线很宽

（b）单眼皮眼睛睁开眼的眼线变窄

● 图 4-14 单眼皮眼睛眼线

（3）圆眼睛 圆眼睛是因为眼睛的长度和宽度非常接近，通常分为小圆眼睛和大圆眼睛。这种眼睛的特点是圆，所以在化妆上要避免将圆继续夸大。可以将眼线在眼尾适度拉长，眼线的两端适度加宽，但是中间高起部分不宜再加宽加粗，否则看上去会更圆。眼影也是同理，在两端画眼影，中间部分眼影变窄减弱，在视觉上会使眼型变长，改变之前较圆的形状特点。睫毛也是，可加长两端特别是外眼角处睫毛，眼部中间睫毛适当变短，会起到相同的作用（图4-15）。

● 图 4-15　圆眼睛眼线

（4）细长眼睛　细长眼睛的特点是长度有余，宽度不足。因此在化妆的时候要扬长避短，不可以再增加眼尾长度，而是要增加眼睛的宽度，将眼睛比例调整到最佳状态。具体画法是缩短眼线的长度，不要画到眼尾部，将中间眼线部分加粗加宽。眼影和睫毛也是相同的画法，睫毛可将中间部分加长，两侧睫毛变短，画完后眼睛有较明显的变宽效果（图 4-16）。

（5）上吊眼睛　上吊眼睛是指眼尾高过内外眼角的水平线的眼睛，一般标准眼型眼尾会比内眼角略微高出一点，但是这种眼型会高出较多，形成眼尾上吊的形态，故称上吊眼睛。这种眼睛的调整修饰方法如下。内眼线处要画粗加宽，后面的眼线变细，使画完后的内眼角眼线高度和眼尾高度接近，从视觉上缩小眼线前端和后端的差距，看起来在一个高度上，而不再是前面低后面高了。眼影也遵循同样的原理进行涂抹，前面眼影宽，后面眼影窄。下眼线画法刚好相反，前面细后面宽，将眼尾高度向下拉，最后目的是对眼睛高度进行平衡，不再是明显的上吊眼睛。睫毛的画法是上睫毛将前面睫毛拉长涂密，下睫毛将外眼角处睫毛变长变密，由此达到预期的效果（图 4-17）。

（6）下垂眼睛　下垂眼睛是眼尾在水平线以下的眼睛，其化妆原理刚好与上吊眼睛相反。上眼线是在眼尾后面加粗，前面要越来越细，下眼线相反，前面粗而宽，后面越来越细，最终目的也是调整眼部前后不平衡的视觉效果，让整只眼睛看起来都接近水平线。眼影的画法也是如此，最后将眼睛高度调整为前后接近平衡，看起来会比较舒服（图 4-18）。

● 图 4-16　细长眼睛眼线

● 图 4-17　上吊眼睛眼线

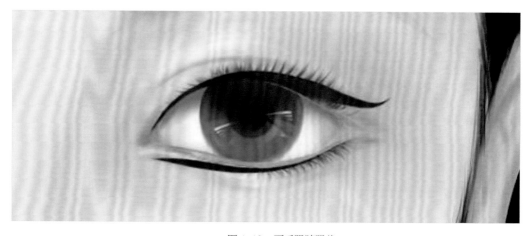

● 图 4-18　下垂眼睛眼线

（7）下陷眼睛 下陷眼睛的特点主要是在上眼睑上方眼窝部位，由于脂肪层太薄引起眼窝下陷。这种眼睛的化妆目的是要让眼窝看起来不那么下陷，主要方法是利用眼影的色彩原理，将浅色系眼影涂在下陷的部位，因为浅色有放大和膨胀的视觉效果，眼窝看上去会变得饱满丰满一些，缓解下陷带来的疲惫、苍老之感。下陷眼睛的眼线可以画得略粗一些，加粗加长睫毛，增强眼睛

轮廓的清晰感，减弱眼窝下陷的感觉（图4-19）。

（8）肿眼睛 肿眼睛在化妆中是难度较大的一种眼睛，由于上眼睑脂肪层过厚，引起肿、鼓的现象，非常影响面部形象。在化妆上解决肿和鼓的方法是，眼线可以略微加粗，最重要的是眼影的运用，将深色哑光质地的眼影涂在上眼皮部位，起到收缩后退的视觉效果，让眼皮看上去不那么肿（图4-20）。

● 图4-19 下陷眼睛眼线

● 图4-20 肿眼睛眼线

3.眼影的画法

眼影有平涂、横向涂抹和纵向涂抹等常用方法。具体选用哪种涂抹方法要看自己的需要，没有什么特别的规定。本部分我们先了解一下画眼影的顺序，再学习眼影的几种涂抹方式。

（1）画眼影的顺序　通常情况下，不论采用哪种方式画眼影，它的顺序基本是一样的，主要是：打底→定妆→画浅色眼影→画深色眼影→画眼线→涂睫毛膏或粘假睫毛。画眼影的时候特别要注意深色眼影不要落到皮肤上，可以先蘸少量散粉放在眼睛下方，防止眼影使底妆变脏，妆面效果会受到很大影响。

（2）眼影的涂抹方式

① 平涂法　这是画眼影最简单的涂抹方式，一般只采用一种颜色，将其均匀地涂在眼睛周围，浓淡根据需要自己选择，但一定要注意色彩边缘线的处理，要做到与皮肤柔和过渡（图4-21）。

② 横向涂抹法　这种涂抹眼影的方式可以采用单色、两色甚至多色眼影，涂抹时要将深色放在外眼角，由外向内、由深至浅地涂抹，除非是遇到内眼角距离宽的特殊眼型，一般不会将深色安排在内眼角，浅色涂抹在外眼角，那样容易破坏眼睛的视觉比例效果，看起来会很奇怪。最后一定要注意眼影边缘线与皮肤之间的过渡要自然（图4-22）。

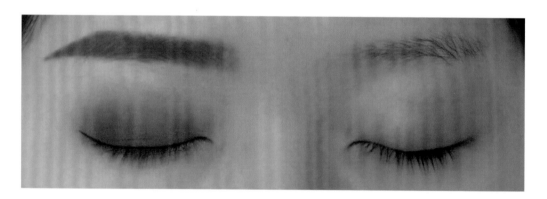

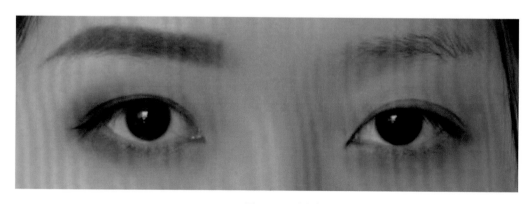

● 图4-21　平涂法

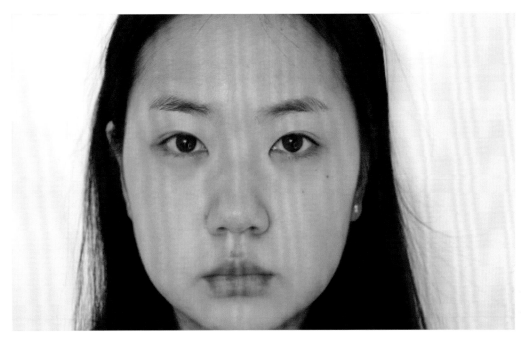

（a）模特原型

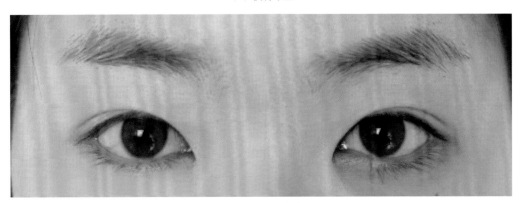

（b）第一步，打底

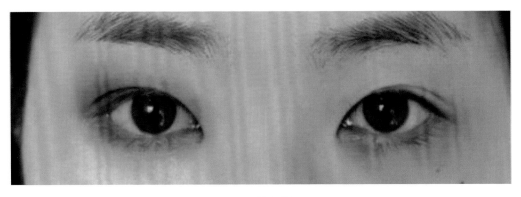

● 图 4-22

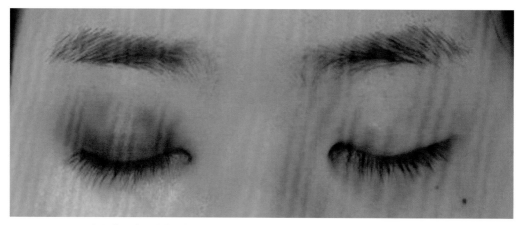

（c）第二步，由外向内画浅色眼影，并在眼底涂散粉防止眼影下落使底色变脏

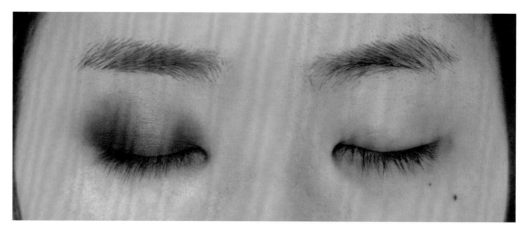

（d）第三步，继续涂深色眼影加深层次

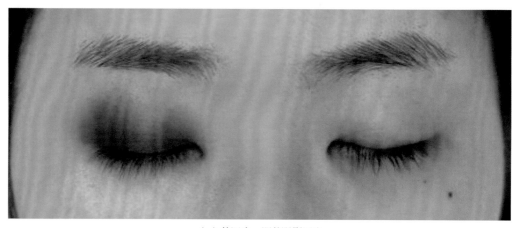

（e）第四步，调整眼影层次

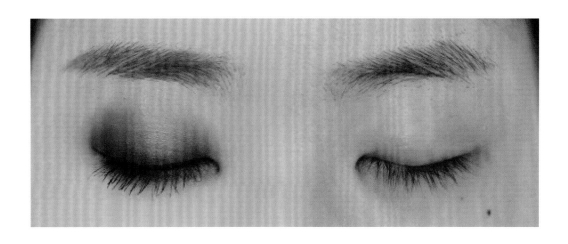

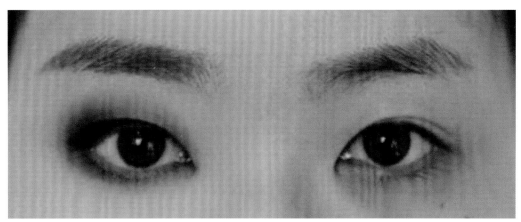

（f）第五步，扫掉眼下散粉，画眼线涂睫毛膏

● 图4-22 横向涂抹法步骤

③ 纵向涂抹法　纵向涂抹很容易理解，就是由下往上地进行眼影的涂抹。采用一种眼影或多色眼影同时涂抹都可以，要看妆面的设计需要。深色在下面，越往上颜色越淡，形成渐变的效果。眼影范围是最深色涂在睫毛根部的位置，上面在眉弓骨下方结束，宽度在内眼角和外眼角之间，外眼角可以略微扩出去一点。一定要注意眼影边缘线与皮肤之间的过渡要自然，做到有影无边的效果（图4-23）。

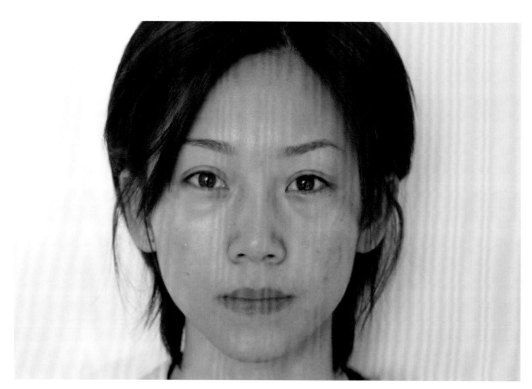

（a）模特原型

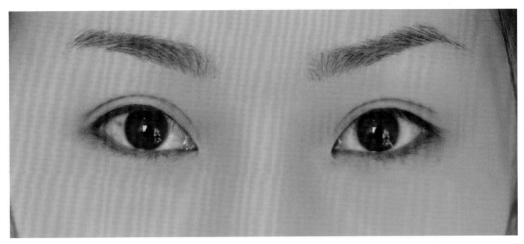

（b）第一步，打底

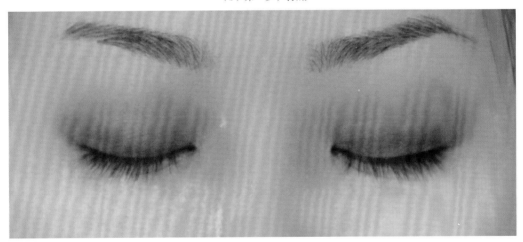

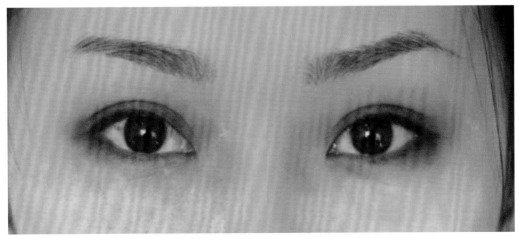

（c）第二步，由深至浅画眼影，深蓝色在下面，浅紫色在上面，纵向涂抹

图4-23

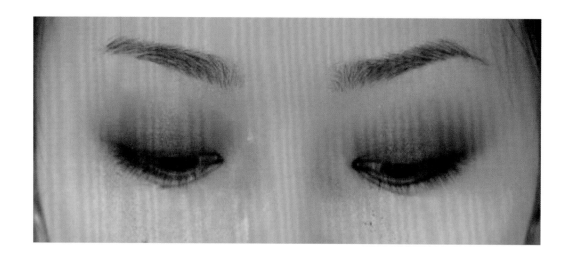

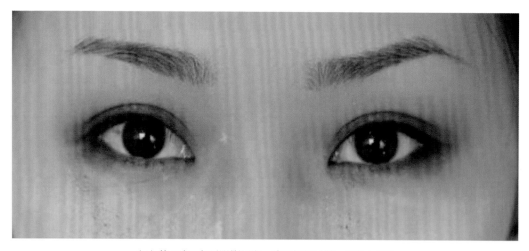

（d）第三步，加重眼影层次，睫毛根部最深，越往上越浅

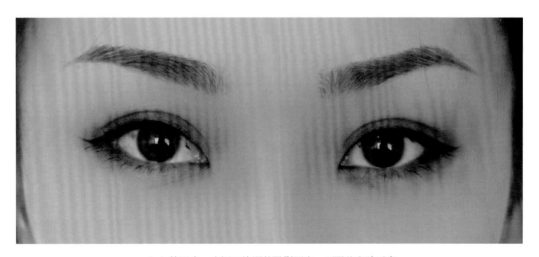

（e）第四步，由深至浅调整眼影层次，画眼线和睫毛膏

● 图4-23 纵向涂抹法步骤

4.各种眼型的眼影画法

（1）双重睑眼睛 双重睑眼睛因为上眼睑的结构特点，画眼线和眼影都比较方便，线条和色彩都会较完整地表现出来。这种眼型相对比较标致，是非常容易画眼影的眼型，不需有太多要注意的地方。

（2）单眼皮眼睛 这种眼睛的特点是上眼睑是单眼皮，没有双重睑，画的眼线会被包裹进去看不到。所以这种眼睛如果想要化妆效果明显，建议眼影画得宽一些，范围也可以稍大一点，外眼角的眼线与眼影可以向外多画一点，这样可以画出较大的效果（图2-24）。

（3）圆眼睛 圆眼睛眼型是圆的，所以画眼影的时候可以在眼睛两侧进行描画，特别是眼尾的位置，眼影和眼线都向外平行画长一点，眼部中间最高的位置少画或不画眼影，这样眼部形态会显得长一点（图4-25）。

（4）细长眼睛 细长眼睛的特点是眼型较长，因此画眼影的时候不要拉长眼影，要控制在内外眼角之间的范围里，在眼睛中间部位可适当加宽加粗眼影和眼线，这样可以使眼型看起来不那么细长（图4-26）。

● 图4-24 单眼皮眼睛眼影

● 图4-25　圆眼睛眼影

● 图4-26　细长眼睛眼影

（5）上吊眼睛　上吊眼睛的特点是外眼角比内眼角高出很多，所以看上去眼睛不是平衡状态，会很不舒服。通过画眼影调整眼部水平结构，在上眼睑的前半部分画眼影和眼线，后半部分不画或者轻轻画一点不做强调，将眼睛重心移到前面；下眼睑在后半部分画眼影和眼线，最终目的是用眼影对之前眼型的不平衡状态进行调整，使眼型看起来内外眼角位置接近水平线，减轻失衡的状态（图4-27）。

（6）下垂眼睛　它的特点是眼尾太低，在水平线以下。在画眼线和眼影的时候，不能按照原有形态去修饰，否则会使缺点更加明显。上眼线和眼影要从离外眼角有一定距离的位置平着画到眼尾的位置，从视觉上调整眼睛的形态。内眼角下眼线略微加粗，对眼睛起到平衡的视觉效果（图4-28）。

● 图 4-27 上吊眼睛眼影

● 图 4-28 下垂眼睛眼影

（7）下陷眼睛　下陷眼睛画眼影是为了减轻下陷部位的凹陷程度，可以利用色彩明度原理来进行处理。浅色有凸起和膨胀的作用，所以在下陷的位置画些浅色和亮色眼影，不会凸显眼窝下陷的结构。只在眼睛眼尾处加粗画点深色眼影，会起到修饰的作用（图 4-29）。

（8）肿眼睛　这种眼型是修饰起来比较麻烦的一种形态，它上眼皮肉厚，对于画眼影和眼线来说效果都不太理想。它的缺点是肿，所以涂眼影的时候要采用哑光没有膨胀感的深色眼影来修饰，位置要涂在最凸出的位置，对肿眼皮会起到一定的修饰作用（图 4-30）。

● 图4-29　下陷眼睛眼影

● 图4-30　肿眼睛眼影

# 第二节
# 眉毛的化妆方法

## 一、眉型的几种形态

眉毛位于眼睛的上方，它的形态与眼睛形态息息相关，眉毛结构分为眉头、眉腰、眉峰、眉尾这几个部分（图4-31）。

眉毛不能单独来看，还是要结合眼型与脸型看整体效果。例如一对眉毛长得有棱角，看上去有力量，比较英气，但是下面搭配的眼型却气势很弱，这样会增加它们之间的对比度，弱的更弱，强的更强，看起来就很不舒服。因此认识几种眉型后，了解它们与眼型之间的搭配关系，就能对整体造型有较强的把控能力。经过归纳，眉型主要分为以下几种形态。

### 1. 自然眉

所谓自然眉就是形状较为标准，没有什么需要调整的地方，造型看起来舒服自然的眉毛。因为不需要修饰，所以这种眉型看上去较为朴素，适合气质自然素雅的女性（图4-32）。

### 2. 弯眉

这种眉型因为整个眉型较为弯曲，没有眉峰和棱角，所以简称弯眉。这种眉型在二十世纪三四十年代非常受女性欢迎，曲线感强，有较强的复古风格和妩媚气质。由于时代不同，在现代生活中审美发生了很大的变化，目前这种眉型已不流行，但是在某些特定的舞台剧或年代影视剧里面，弯眉还是反映复古等人物风格必不可少的表现方式之一（图4-33）。

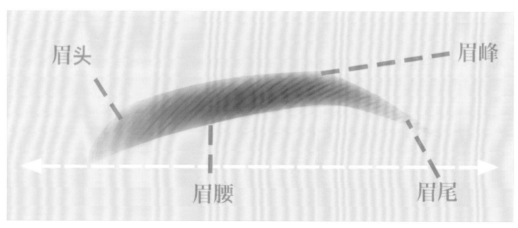

● 图4-31 眉毛的结构

● 图4-32　自然眉

● 图4-33　弯眉

### 3. 柳叶眉

柳叶眉是在中国古代文学著作中描写女性时出现最多的一种形象特征。由于它造型像柳叶一样，能够表现出东方女性温婉、文静、清秀、雅致的气质，因此自古至今一直是中国女性非常青睐的一种眉型。它的造型特点是眉头略粗，越往眉尾越细，由粗至细变化舒缓柔和，没有眉峰和棱角，给人非常柔顺的美感，也符合女性要以柔顺为美的评价（图4-34）。

### 4. 剑眉

剑眉，顾名思义外观像剑一样，眉尾向上并带有棱角，造型利落。拥有这种眉型的女性看上去较为英气，缺少了妩媚柔美的气质。这种眉型单看很好看，如果眼型与眉型搭配效果和谐，也是一种有个性的美。这种眉型给人感觉硬朗，有一定的男子气在其中，比较受中性化气质女性的欢迎（图4-35）。

● 　图4-34　柳叶眉

● 　图4-35　剑眉

5. 平眉

平眉的外形特点就是比较平，没有起伏，像大写的"一"。近几年受日韩女性装扮的影响，国内很多女性都喜欢将眉毛修饰成平眉，这种眉型看上去气质较为自然温婉，化妆痕迹不重，显得较为可爱年轻，所以很受年轻女性的喜爱（图4-36）。

6. 高挑眉

高挑眉是一种很有特点的眉型，这种眉型也比较挑人，不是什么人都能驾驭。通常气质高贵、形象艳丽的女性比较适合修饰这种眉型，高高扬起的眉尾还会给人一种桀骜不驯的印象，是一种非常有个性的眉型（图4-37）。

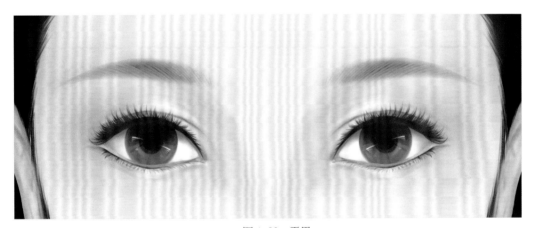

● 图4-36 平眉

● 图4-37 高挑眉

### 7. 下挂眉

下挂眉眉尾和所有眉型都不一样，位置处于水平线下面，眉头高于眉尾，给人一种非常不精神、哀怨的气质（图4-38）。由于这种眉型带来的感觉不受女性欢迎，因此拥有这种眉型的人都希望将形状进行调整和修饰，主要改变眉头与眉尾的位置，减少阴郁的气质以增强形象上的自信心。

### 8. 粗眉

粗眉对于西方女性来说搭配眼睛还是比较好看的，因为西方女性眼睛比较大，眉眼比例较为和谐。如果东方女性有一对粗眉，但是眼睛却比较小，那在比例上就非常不舒服，会显得眉毛气势很强，眼睛气势很弱，将眼睛对比得没有神采和力量。如果拥有粗眉，可以调整其粗细，最后眉眼比例看起来协调即可（图4-39）。

●　图4-38　下挂眉

●　图4-39　粗眉

# 二、眉毛的修饰方法

生活中对自己眉型不太满意的人较多，但很多人不知道问题出在哪里，或是知道也不会自己进行修饰和调整，下面列举几种常见眉型问题及解决办法供大家学习与实践。

1.眉型不理想

许多人对自己的眉型不太满意，如果天生的眉型与自己的眼型或脸型不搭，就需要后天进行调整。调整方法是：①先设计好一个适合自己的眉型，在眉毛部位用眉笔将新眉型外轮廓轻轻描画出来；②将新眉型以外的多余眉毛用刮眉刀刮干净，只保留新眉型内的眉毛；③将新眉型内没有眉毛的部分用眉笔描画出来使其完整，一个新的眉毛就这样画好了。

（1）粗眉　粗眉是比较挑眼型和脸型的一种眉型，特别是女性如果长了一对粗眉毛，会显得面部太过刚硬，会增加生硬感，缺少柔美气质。一般粗眉颜色也会比较深，看上去有点男性化，这也是女性拥有粗眉比较烦恼的地方。粗眉一般搭配大眼睛、长睫毛会比较和谐，例如我们都熟悉的国际影星奥黛丽·赫本，她的粗眉和眼睛就非常般配协调。如果粗眉下面搭配了一双小眼睛，就会产生强烈的对比，看起来眉毛会更粗，眼睛会更小。这种情况下就需要根据眼睛来确定眉毛的粗细、长短和颜色深浅了，确定后的眉型才会和眼型更加和谐。粗眉的特点是形状粗、颜色重，一般调整目的就是将眉毛变细变淡，具体方法如下：①在原眉毛上面设计出一个新眉型轮廓；②将轮廓外多余的眉毛用刮刀刮掉，只保留新画轮廓内的眉毛即可；③新轮廓内的眉毛颜色如果较重，可以用镊子拔掉一些眉毛，这样重新修饰过的眉型粗细适中，颜色也不会太重了（图4-40）。

（a）粗眉

● 图4-40

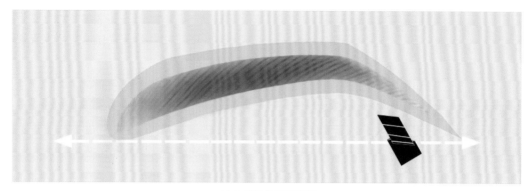

（b）将绿色部分刮掉

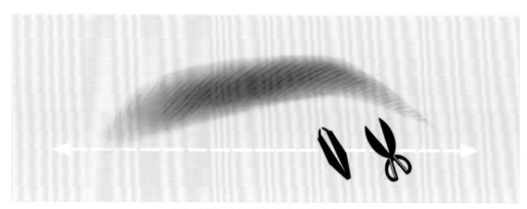

（c）再用镊子和刮眉刀将长的剪掉或拔掉

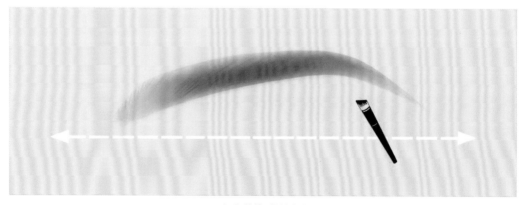

（d）修饰后的眉毛

● 图4-40 粗眉及修饰方法

（2）细眉　有粗眉也就会有细眉，细眉有的色彩淡也有的色彩浓，它的特点就是细。细眉也是比较挑眼型的，有的眼型比较大或面部气质较刚毅，就不太适合搭配细眉。一般调整细眉的方法是要将它变粗一点，具体操作方法如下：①先在眉毛上设计出自己想要的眉型，画出一个较淡的轮廓；②将轮廓内没有眉毛的地方用眉笔和眉粉画出理想的眉型，如果眉毛本身色彩很淡，可以将眉色加深，这样就会得到理想的眉型了（图4-41）。细眉比粗眉好调整，用色彩加粗加深即可，粗眉需要通过拔的方式减少眉毛，操作有些麻烦。

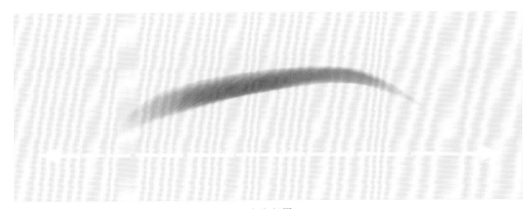

（a）细眉

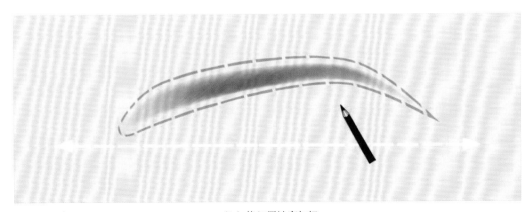

（b）将细眉轮廓加粗

● 图4-41

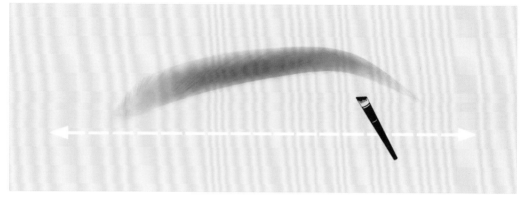

（c）用镊子和刮眉刀将长的剪掉或拔掉

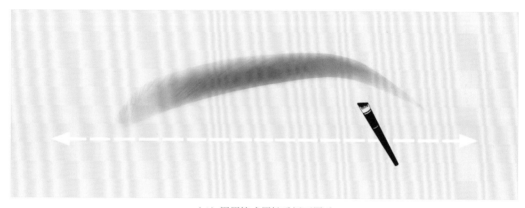

（d）用眉笔或眉粉重新画眉毛

● 　图4-41　细眉及修饰方法

（3）下挂眉或上挑眉　下挂眉给人感觉没有精神，主要原因是眉尾低于水平线，修饰这种眉型最关键的一点就是要将眉尾提升至高于水平线的位置。初学者可以先轻轻用眉笔标出水平线的位置，然后将低于水平线部分的眉尾用 眉刀刮掉，在水平线上面设计出一个新的眉尾，将其重新画出来，注意新眉尾和眉腰的衔接要整体，看起来非常自然（图4-42）。眉尾重新调整高度后，面部会变得较为精神，气质会有较大的改观。

上挑眉和下挂眉刚好相反，原因是眉尾过于上扬，会给人较为严厉、不好接近的感觉。修饰方法是画出水平线，将眉尾降低高度，重新设计出一个新的位置，刮掉不要的部分，在新的位置重新刻画一个眉尾（图4-43）。注意眉毛的整体性，调整后的眉毛会使人的气质看上去温婉随和一些。

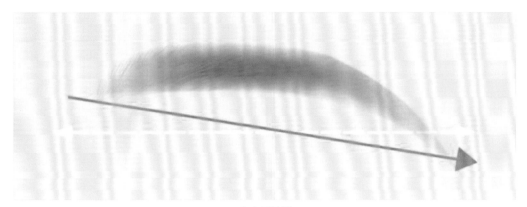

（a）下挂眉

（b）用刮眉刀刮掉眉尾下挂的部分

（c）在眉尾处重新画一个新的眉尾

● 　图4-42　下挂眉及修饰方法

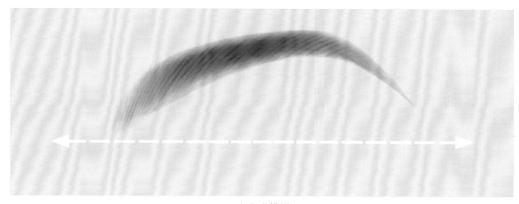

（a）上挑眉

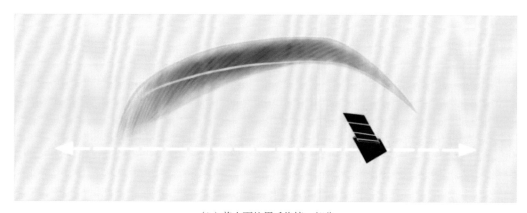

（b）将上面的眉毛修掉一部分

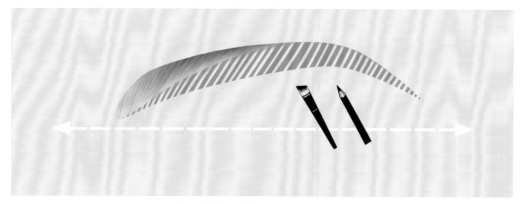

（c）用眉笔和眉粉在下面重新画新眉毛

● 　图4-43　上挑眉及修饰方法

2.眉色太浅

如果眉毛颜色太浅，会给人造成不精神、面部缺少东西的感觉，但这种眉毛调整起来还是比较容易的。可以在原来造型的基础上加深眉色，注意深浅虚实的变化，画出来的眉毛看起来要非常自然，还要有一定的立体感，调整后整个人会变得较为精神（图4-44）。

（a）浅色眉毛

（b）用眉笔轻轻勾勒眉毛轮廓

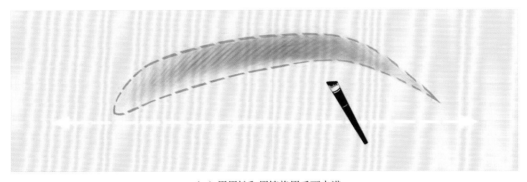

（c）用眉粉和眉笔将眉毛画丰满

● 图4-44 浅色眉毛及修饰方法

3. 眉毛杂乱或残缺

我们在生活中可以经常看到这种眉毛的人，以男性居多。修饰这样的眉毛可先将杂乱眉毛用工具梳理整齐顺畅，再用眉笔将其残缺部位描画填充，画后的眉毛一定要自然有质感，注意色彩的统一，调整后的眉毛会有较大的改观（图4-45、图4-46）。

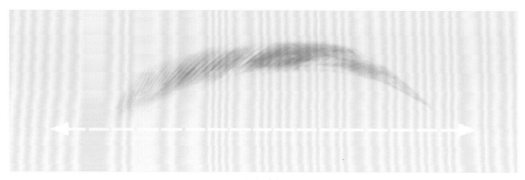

（a）残眉

（b）残缺地方用眉笔描画填补

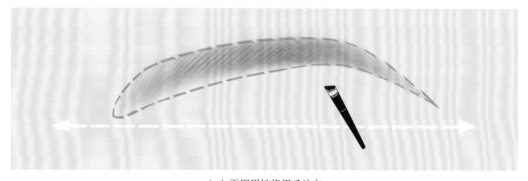

（c）再用眉粉将眉毛补齐

● 　图4-45　残眉及修饰方法

（a）没有眉尾的眉毛

（b）画眉尾新轮廓

（c）用眉笔和眉粉将眉尾画好

● 　图 4-46　无眉尾眉毛及修饰方法

# 第三节
# 鼻子的化妆方法

## 一、鼻子的几种形态

由于鼻子位于面部的中庭，它的长短决定了面部中庭的长短，因此鼻子的长度在五官中起着至关重要的作用。鼻子主要分为鼻根、鼻梁、鼻尖和鼻翼这几个部分（图4-47）。

自从有了整形术，五官之中整形最多的部位除了眼睛就是鼻子了。因为鼻子的高矮大小决定了面部的立体感和比例，很多女性只整了鼻型，面部感觉立即会发生较大的变化。生活中常见的有短鼻子、长鼻子、宽鼻梁、窄鼻梁、塌鼻子、驼峰鼻和蒜头鼻等不同造型的鼻子，在修饰时需要化妆师利用色彩的冷暖、明暗进行形状的调整。

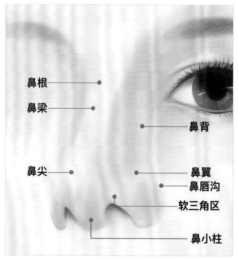

鼻根
鼻梁
鼻背
鼻尖
鼻翼
鼻唇沟
软三角区
鼻小柱

● 图4-47　鼻子的结构

## 二、鼻子的修饰方法

鼻子形状不同，采取的修饰方法当然也不一样。下面就每种鼻型的修饰方法一一进行讲解。

1.短鼻子

如果鼻子太短，在面部中间看起来会感觉整张脸都缩短了，导致大的比例关系会不舒服（图4-48）。那么化妆时就需要对鼻子的长度做调整，具体方法如下。①从鼻根至鼻尖都打上高光，注意高光的宽窄，如果鼻子特别短，可以一直打到鼻小柱的位置。②打完高光后，可以再打鼻侧影，注意鼻侧影色彩的冷暖，不可以采用太冷的橄榄绿，否则妆面会显脏。也同时要注意鼻侧影不可以打得太重，否则容易产生不自然的效果。鼻侧影可以一直从鼻根部打到鼻尖或鼻小柱的位置，这样会有明显拉长鼻子长度的效果（图4-49）。通过高光和阴影的颜色，调整鼻子长短，从正面看会很有效果，但是这种方法只适用于正面化妆，侧面是不能通过化妆来解决结构问题的，因为侧面鼻型的轮廓是固定的，如果想侧面改变鼻子的形状，只能靠整形的办法来解决。

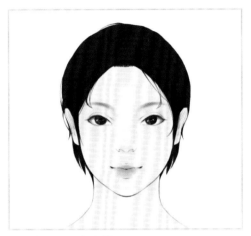

● 图4-48 短鼻子

● 图4-49 修饰后的短鼻子

**2.长鼻子**

鼻子长的人也会比较苦恼，因为这样会显得中庭很长，影响面部整体比例关系（图4-50）。它的缺点是长，所以在调整时关键是要考虑如何将鼻子长度缩短。如果用化妆手法来解决，即是运用色彩属性进行长度的调整，具体方法如下。①因为是长鼻型，不可以从鼻根至鼻尖全部提亮高光，只能是在鼻子最需要提亮的位置局部提亮，一般都是在鼻梁中间最高的地方进行提亮。②鼻梁的其他部位可以用底

色或很浅的阴影稍微涂抹一下，目的是起到收缩长度的作用，看起来不会有向前进的视觉效果。③如果鼻子太长，还可以在鼻头、鼻小柱部位打点阴影颜色，让其稍微暗淡一点，有视觉退后的效果。④在鼻侧影的处理上尽量不要上下打，显示出鼻子的长度。如果是必须要打的情况，则用非常轻的阴影色在局部打一下即可，避免鼻侧影和鼻梁高光产生强对比（图4-51）。

● 图4-50 长鼻子

● 图4-51 修饰后的长鼻子

### 3. 宽鼻梁

鼻梁宽容易给人愚钝、不够灵气、笨拙的面部感觉，在化妆时要考虑怎么减弱鼻梁的宽度使其看起来秀气一些（图4-52）。将鼻梁变窄的主要方法如下。①用高光提亮鼻梁，高光要比之前的鼻梁窄，具体宽度要根据整个面部的比例关系进行设计。②再涂一点鼻侧影，会更加凸显鼻梁变窄后的对比效果，利用亮色和暗色重新在视觉上塑造出一个新的鼻宽度，对整个面部的气质会有所改变（图4-53）。

### 4. 窄鼻梁

窄鼻梁的人容易产生尖刻、严厉、心胸狭隘的气质感，因此调整重点是如何将鼻梁变宽（图4-54）。同样运用色彩的明暗关系，但修饰方法和宽鼻梁相反，用亮色涂抹鼻梁及鼻侧影处将其变宽，目的是减弱之前鼻梁与鼻侧影的对比，使其在视觉效果上看起来不窄，那么原来的气质也会变得更温和、憨厚一点（图4-55）。

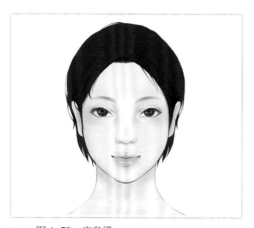

● 图 4-52　宽鼻梁

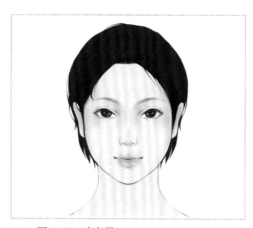

● 图 4-54　窄鼻梁

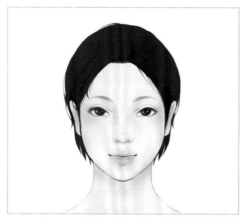

● 图 4-53　修饰后的宽鼻梁

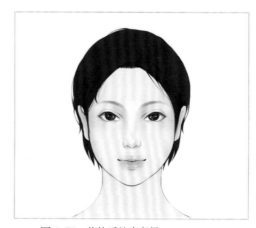

● 图 4-55　修饰后的窄鼻梁

5. 塌鼻子

塌鼻子会使面部看起来较为扁平没有立体感（图4-56、图4-57），很多东方女性的鼻子较低平，五官柔和但不够精致，因此很多年轻人越来越喜欢有气质感的高挺鼻型。如果不想靠整形来改变鼻型，那么最有效的办法就是化妆了。塌鼻子的缺点就是矮，所以要用色彩对比原理来提高鼻梁的高度。可以将高光涂抹在鼻梁，注意高光的长度和宽度，使调整后鼻梁的比例看起来舒服。塌鼻子可以稍微涂深一点的鼻侧影，这样会增加视觉上的对比关系，看起来鼻子立体感会更强。修饰完的鼻梁会立体很多，看起来也会更精神一些（图4-58）。但是化妆后只会正面有效果，侧面还和以前的轮廓一样，不会有任何改变。

● 　图4-57　塌鼻子侧面

● 　图4-56　塌鼻子正面

● 　图4-58　修饰后的塌鼻子

#### 6.驼峰鼻

驼峰鼻，顾名思义就是鼻梁处像驼峰一样凸起的鼻子，"鹰钩鼻"也是其中的一种（图4-59、图4-60）。这种鼻型很有特点，会造成面部狡诈、阴险等负面气质，影视剧作品中的反派人物经常会出现这种鼻子，以烘托阴险狡猾的人物形象。这种鼻型在调整时的重点就在凸出的驼峰部位，具体处理方法如下。①用阴影色在凸起处遮盖，颜色一定要注意不能太深，否则在鼻梁处会有塌陷的视觉感，对于面部结构会有破坏的效果。②在驼峰阴影色上下两处再稍微涂一点亮色提亮，这样利用色彩形成对比，将驼峰处压低，将周围低处提高，造成一种平衡的视错现象，驼峰鼻的效果就会减弱很多（图4-61），但化妆后侧面轮廓并无改变。

● 图4-60　驼峰鼻侧面

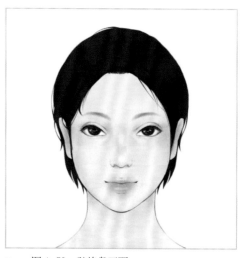

● 图4-59　驼峰鼻正面

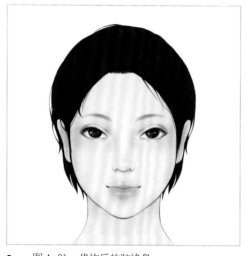

● 图4-61　修饰后的驼峰鼻

### 7.蒜头鼻

蒜头鼻的鼻头部分较大，会使人看上去不精神、愚钝，女性更容易造成五官不精致的粗糙之感(图4-62、图4-63)。蒜鼻头修饰的重点是先用高光将鼻头小面积进行提亮，再用阴影色在高光周围的鼻头和鼻翼丰满处进行修正，阴影色有收缩和退后的视觉效果。修饰完的鼻头看起来会变小，不会那么凸出丰满了，面部气质会显得灵气精神一些（图4-64），但化妆后，侧面轮廓还和以前一样没有改变。

● 图4-63　蒜头鼻侧面

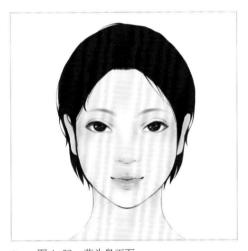

● 图4-62　蒜头鼻正面

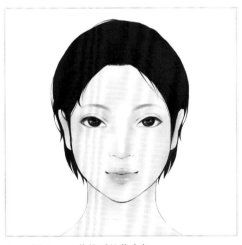

● 图4-64　修饰后的蒜头鼻

# 第四节
# 唇部的化妆方法

## 一、唇部的几种形态

嘴唇经常被人们形容是五官中最"性感"的部位，它虽然位于面部的下庭，但却是非常能引起人注意的一个五官。它经常被认为是男女性感的象征，化妆品中销售量最大的就是唇膏，可见它在妆面中受重视的程度。嘴唇主要由上唇、下唇、唇峰、口裂、嘴角和颏唇沟等部位组成（图4-65）。好的嘴唇不光要唇色漂亮健康，还要具备唇型清晰流畅、比例适中、嘴角上扬等条件。

人的嘴唇也有好几种形态，它们不同的大小、厚薄带来的气质与视觉效果也不一样。唇部主要有以下几种形状。

### 1.标准唇型

通常认知的标准唇型为上唇略薄于下唇，上唇厚度大概是下唇的三分之二，唇大小适中，嘴角略微平直、向上。唇部外形轮廓清晰，唇峰大小适中、形状美观，在整体造型中不显突兀（图4-66）。

### 2.上厚下薄形唇型

这种唇型的面部看起来有点不太精致，上唇厚，盖住下唇，显得面部不太精神，唇部比例不舒服。一般下唇只是上唇厚度的三分之二或者一半（图4-67）。

### 3.上薄下厚形唇型

这种唇型和上面的唇型刚好相反，上唇非常薄，只是下唇厚度的三分之一或者更薄。这种唇型比例有点失衡，感觉没有上唇，需要调整（图4-68）。

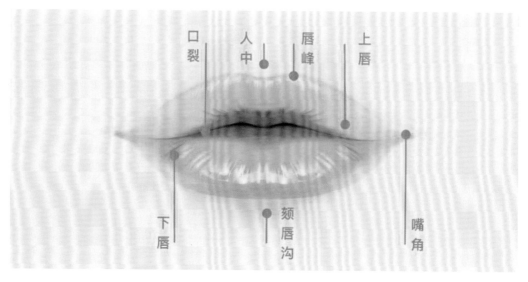

● 图4-65　唇部基本结构

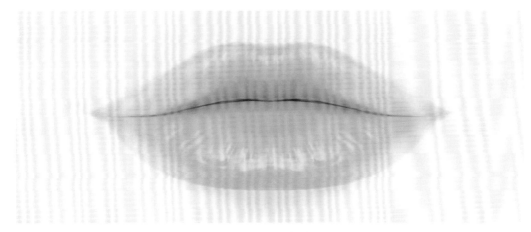

● 图 4-66 标准唇型

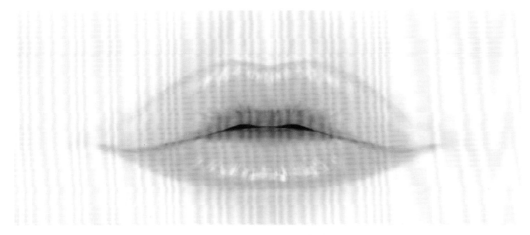

● 图 4-67 上厚下薄形唇型

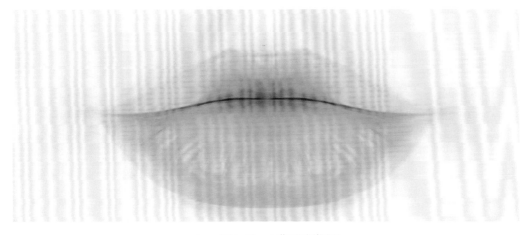

● 图 4-68 上薄下厚形唇型

### 4. 大而厚唇型

大而厚的唇型比较有个性，有时候也受部分女性的欢迎，它看起来性感很有味道（图4-69）。但是这种唇型不是适合每个人的，它比较挑脸型和五官，要与它们搭配协调才可以。

### 5. 小而薄唇型

小而薄的唇型也是比较挑脸型与五官的，这种唇型较适合五官清秀、脸型小的女性，如果脸型与五官大气再配上这种唇型，看起来会不太协调。过于小而薄的唇型会显得面部不够大气，容易给人以拘谨的印象（图4-70）。

### 6. 嘴角下挂唇型

嘴角上扬的唇型在这里就不需要描述了，因为这种唇型基本不会出现什么问题，搭配各种脸型和五官都会较为和谐。但是嘴角下挂的唇型需要单独说明一下，它会带给别人一种不开心、不满意的面部表情，所以这种唇型也需要进行适当的调整（图4-71）。

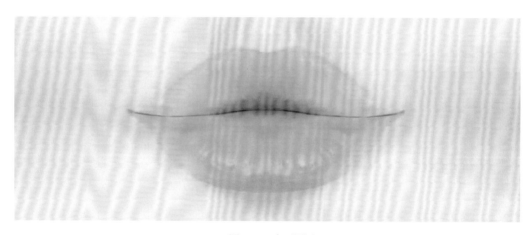

● 图4-69 大而厚唇型

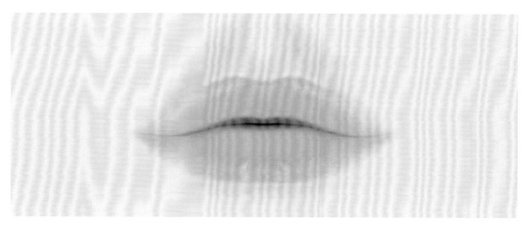

● 图4-70 小而薄唇型

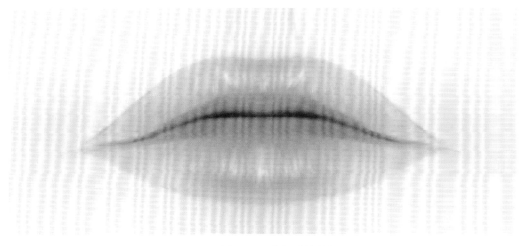

● 图4-71 嘴角下挂唇型

# 二、唇部的修饰方法

### 1.标准唇型

标准唇型一般在轮廓上不需要进行特别修饰了，只要选喜欢的唇膏颜色进行涂抹就可以。通常这种唇型的画法是：先在唇周涂上粉底，然后用唇线笔勾勒出唇部轮廓，最后用唇膏直接涂或用唇刷间接涂抹到嘴唇上，这样唇膏色彩会更加均匀。为了防止唇膏脱落，可以在涂完一遍后用纸巾将嘴唇表面的唇膏按压一下，在唇部轻轻拍打一层蜜粉后再涂抹一层唇膏，这样涂好的唇膏就会比较固定持久，不容易脱妆。

### 2.上厚下薄形唇型

这种唇型的上下唇都需要进行再修饰和调整。首先在唇周涂上粉底，因为涂过粉底后的唇部更容易进行涂抹或调整。然后用唇线笔将上唇进行缩小，下唇轮廓可以根据上唇比例进行扩大，让上下唇厚度、大小接近标准唇型。最后在重新设计好的唇部轮廓里涂抹选好的唇膏，一个新的唇型就诞生了（图4-72）。

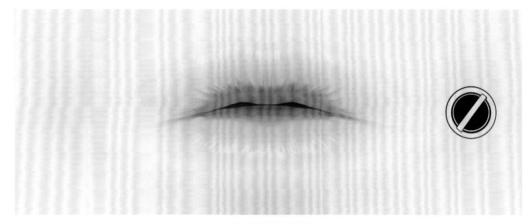

（a）将唇部打上底色

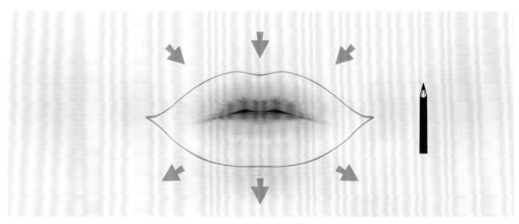

（b）上唇收缩下唇扩大

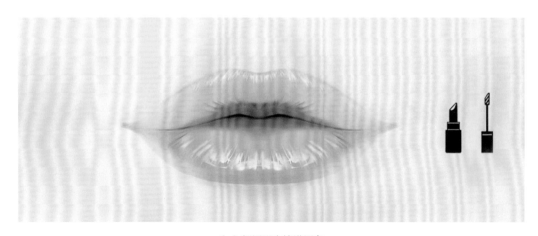

（c）新唇型内填满唇膏

● 图 4-72 上厚下薄形唇型的修饰方法

3.上薄下厚形唇型

这种唇型的特点是上薄下厚，调整的第一步也是先在唇周打底，然后用唇线笔画出设计好的唇型，将上唇厚度适当加宽，下唇厚度适当缩小，尽量接近标准唇型。最后在新的轮廓线内涂上喜欢的唇膏即可（图4-73）。

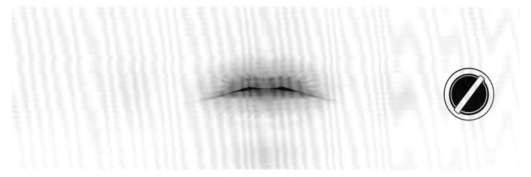

（a）将唇部打上底色

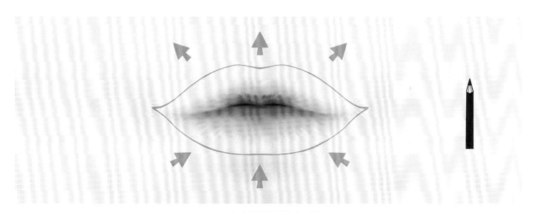

（b）加厚上唇缩小下唇

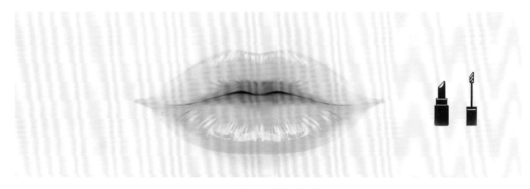

（c）新唇型内填满唇膏

● 　图4-73　上薄下厚形唇型的修饰方法

4.大而厚唇型

这种唇型的特点就是嘴唇又大又厚，如果需要调整一般都是将其轮廓缩小，使其再变薄一点。先是在唇周涂上粉底，再用唇线笔画出理想的唇型，最后在新的轮廓线内涂上唇膏即可（图4-74）。

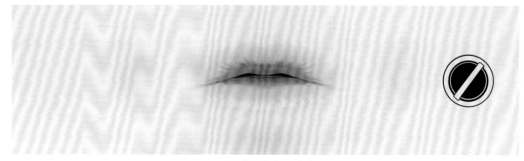

（a）将唇部打上底色

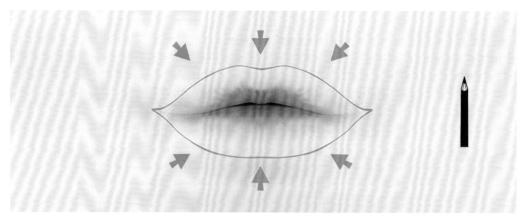

（b）缩小唇部画新轮廓

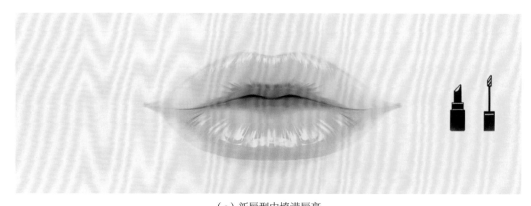

（c）新唇型内填满唇膏

● 图4-74 大而厚唇型的修饰方法

5. 小而薄唇型

这种唇型容易让人感觉尖酸刻薄不大气，因此调整的主要目的就是让其变大变厚一些。首先在唇周涂上粉底，再用唇线笔勾勒出想要的唇型，适当加大加厚，最后涂上唇膏，一个理想的唇型就完成了（图4-75）。

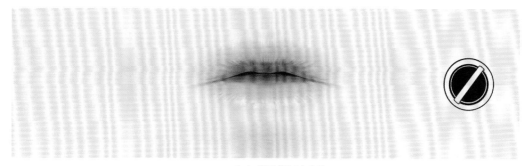

（a）将唇部打上底色

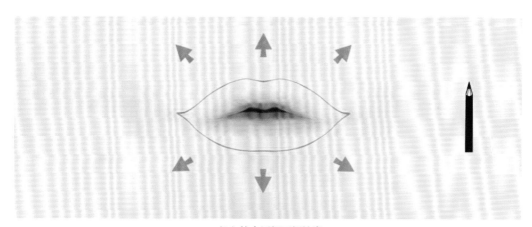

（b）扩大唇部画新轮廓

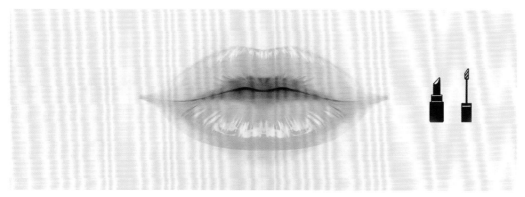

（c）新唇型内填满唇膏

● 图4-75 小而薄唇型的修饰方法

6.嘴角下挂唇型

这种唇型最大的问题在于嘴角的形态，通常情况下人们是不喜欢这种唇型的，因为这样的人看上去不够积极向上，影响人的情绪。主要修饰方法是在唇周涂上粉底后用唇线笔将嘴角的形态重新进行勾画设计，画出一个嘴角略微上提的造型，注意嘴角和唇部其他部位廓形的自然衔接，然后涂上唇膏就可以了（图4-76）。

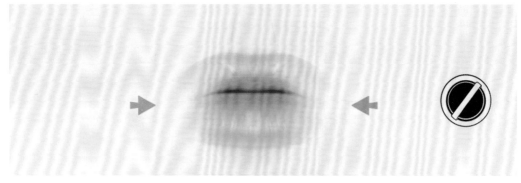

（a）将嘴角处打上底色

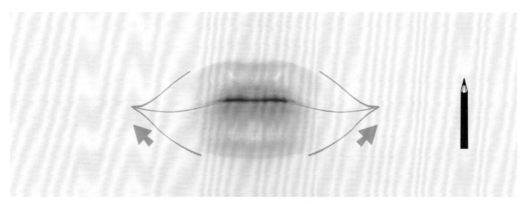

（b）重新画出新嘴角

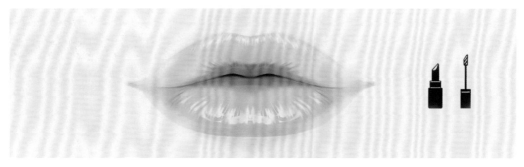

（c）新唇型内填满唇膏

● 图4-76 嘴角下挂唇型的修饰方法

# 三、唇色

除了唇型之外，对唇色的认知也是一个非常重要的内容，一种好的唇色会让整个妆面看起来更协调、优雅和有风格。学习化妆设计最重要的一点就是要学会配色，能够熟悉将什么颜色搭配到一起会出现怎样的效果。唇色大都属于暖色系，但是如果将唇色细分开来，也会分为冷色与暖色，用什么样的唇色主要取决于整体妆面的配色和服装的色彩，这样唇色在化妆中才会起到很好的装饰效果。

## 1.暖色系唇色

一般皮肤发黄的人适合使用偏暖色系的唇膏颜色，例如橘色、橙色、枫叶色、棕红色等，这些颜色与偏黄的皮肤搭配较为协调，妆面看起来非常和谐，不会有较为低档的配色效果 [图4-77（a）]。

## 2.冷色系唇色

皮肤偏冷色的人适合用冷色系的唇膏颜色，例如淡粉色、粉色与深红色、深紫色等，与肤色搭配会比较协调，也会显得人气质高雅。如果唇色与肤色不搭，整个人会显得没精神并伴有一种俗气感 [图4-77（b）]。

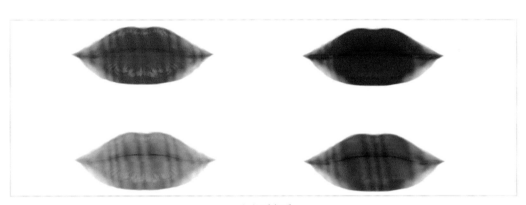

（a）暖色系

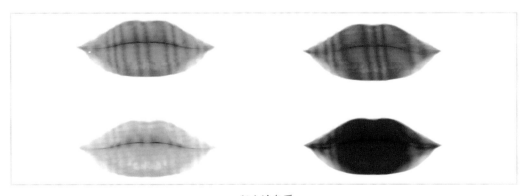

（b）冷色系

● 图4-77 各种唇色

# 第五节
# 腮红的修饰方法

## 一、不同脸型腮红的修饰方法

很多女性喜欢涂抹腮红，一是可以调整面部气色，看起来更精神、更健康；二是腮红也可以改善和修饰不理想的脸型，使脸型看起来更漂亮、更舒服。不同脸型腮红的修饰方法是不一样的，不可千篇一律，要依据脸型的特点来确定其修饰形态及色彩的使用。如果方法不当，效果会大打折扣，因此画好腮红也是我们需要掌握的一种化妆技术。

1. 标准脸型的腮红修饰方法

标准脸型对于腮红形态与色彩的接受度比较广泛。这种脸型涂抹斜向腮红、圆形腮红和近些年流行的扇形腮红都比较有效果。斜向腮红是十多年前最流行的一种涂法，它会使面部显得有一定的立体感，有缩小轮廓的作用（图4-78）。圆形腮红近些年由日本、韩国盛行起来，特别是对于年轻女性来说，涂抹这种形状的腮红会更显活泼（图4-79）。扇形腮红具有一定的创意，涂在面部时尚感会更强，也是近几年较为流行的一种腮红（图4-80）。总之，标准脸型的腮红不用限制用色，纯度和明度的使用范围较广。

● 　图 4-78　斜向腮红画法

● 　图 4-79　圆形腮红画法

● 图4-80 扇形腮红画法

● 图4-81 长脸型的横向腮红画法

**2.长脸型的腮红修饰方法**

长脸型的不足之处就是脸型过长，在化妆中应尽量使用可以缩短面部长度的方法。在涂抹腮红这一环节上，腮红要横向涂抹，让面部中庭看起来不会很长，视觉上会起到一定的收缩作用。具体涂抹范围：横向是从鼻翼横着开始涂到鬓角前面，比外眼角稍长一点；纵向是在鼻翼旁边，不要低于鼻翼，否则会显得脸颊位置较低（图4-81）。同理，长脸型也可以涂抹圆形腮红，这会让中庭看起来有缩短的效果。具体范围是在苹果肌的中间，涂抹时呈微笑状态，在面颊前面最鼓起的地方圆形涂抹即可，注意腮红周边轮廓线一定要晕染开，不可有明显的边界线，看起来效果要自然（图4-82）。这两种腮红使用的色彩明度和纯度都可以略高，涂抹后有一定的丰满效果，看上去较为饱满。

● 图4-82 长脸型的圆形腮红画法

3. 圆脸型的腮红修饰方法

圆脸型的缺点就是面部轮廓长短尺寸非常接近，线条都比较圆。看起来不够有立体感，线条感不清晰。因此，一般这种脸型较为适合涂抹纵向腮红，以增加面部的纵向线条感和立体感，从而打破圆脸的造型。具体修饰范围是从外眼角两侧垂直向下涂抹至鼻翼处，不要低于鼻翼或略微低于鼻翼即可(图4-83)。色彩尽量使用纯度偏低一点的红色，避免纯度高或颜色太浅较亮的红色系。这种修饰方法可以使面部看起来有较强的立体效果。

4. 高颧骨的腮红修饰方法

高颧骨的脸型在涂抹腮红时一定要注意色彩，用色是这种脸型画腮红的关键。要使用低明度低纯度的色彩，切忌使用亮色和纯色，否则效果会适得其反，颧骨会更加突出。在颧骨最隆起的地方均匀涂抹，而颧骨周围低下去的部位则要使用亮色，减轻它们之间的高低差，视觉上减少对比度，看起来会较为舒适（图4-84）。

● 图4-83 圆脸型纵向腮红画法

● 图4-84 高颧骨腮红画法

## 二、腮红的色彩

常用的腮红颜色通常分为冷色和暖色，肤色较白偏冷的皮肤适合画冷色调的腮红，肤色偏黄偏暖色的肤色更适合涂抹暖色的腮红。如果腮红的色彩与肤色搭配得不和谐，会产生俗气的妆面效果。除了看肤色外，还要参考眼影、口红等其他颜色选择腮红色（图4-85）。

（a）浅粉色

（c）砖红色

（b）橙红色

（d）深红色

● 图4-85 腮红的色彩

# 第五章　常用妆面风格及表达

# 第一节
# 常用妆面风格

本书主要针对生活妆进行介绍，因此本节只挑选了三种常见的化妆风格进行介绍。更多的风格以后如果有机会笔者还将继续深入介绍，做更详尽的阐述。

## 一、自然清新妆面风格

干净、清新、甜美的妆面是生活中最受欢迎、采用最多的一种风格。它的特点是不夸张，还有很好的修饰效果。这种妆面适合于多种场合，职场、休闲或婚礼等，可将女性自然健康的美充分地展示出来（图5-1）。例如现代新娘妆和十几年前的新娘妆妆面风格相比讲究的是干净、清新、甜美的气质，十几年前新娘妆多采用的重色眼影、腮红现在已很少出现了，化妆师更多的是根据新娘的服装来设计妆面风格，注重人物造型的整体性。白色婚纱的妆面色彩大都清新淡雅，而中式复古的艳色婚服或夸张的礼服则更加适合搭配性感妩媚的妆面。

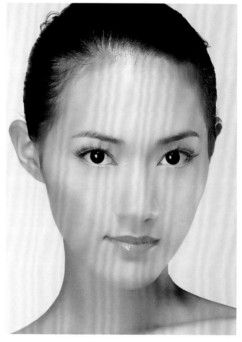

● 图5-1 自然清新妆面风格

## 二、艳丽妩媚妆面风格

艳丽妩媚妆面多适用于晚宴或演出等场合。这种妆面特征是较为夸张的，因此在生活中被采用的概率不是那么大，但随着社会经济的发展，女性参加各种聚会、晚会或者婚礼的机会越来越多，生活中这种妆容被选择的机会也多了起来。这种妆面追求立体的风格，来凸显女性的个性气质。很多晚宴妆由于受场合、灯光和服装的影响，可以画得略微夸张、浓郁和性感。如果过于清淡，则不容易融入晚宴的氛围（图5-2）。

● 图5-2

● 图 5-2 艳丽妩媚妆面风格

## 三、个性创意妆面风格

个性创意妆面风格在越来越包容的社会中也屡见不鲜，多年前在日本、欧洲等发达国家及地区会经常看到有人画这样的妆容出现在街头，人们也不会觉得大惊小怪、难以接受。目前我国也经常出现这种个性创意的妆容，其常出现在杂志的拍摄中，一些舞台剧中，某些产品的广告照片或者时装发布会等一些较为特殊的场合和印刷品中。这种妆容一般都是为一些特定的产品或效果而创作的，它的装饰性极强，有很强的目的性，但在生活中采用会让人觉得过于夸张、难以接受（图5-3）。

● 　图5-3　个性创意妆面风格

# 第二节
# 不同化妆风格特征的表达

## 一、自然清新妆面风格的表达

这种妆面的特点就是让人感觉到人变漂亮了，但并没有太重的修饰痕迹，即使化完妆也不会感觉距离个人原本的形象和气质太远，给人以舒服自然的视觉效果。

化这种妆面打底特别重要，要干净、均匀且有光泽，不宜太厚。五官要刻画得精致，线条感不能过重。面部色彩包括眼影、腮红和口红配色要淡雅，色彩对比弱，给人一种清新甜美之感（图5-4）。这一妆面看似化妆痕迹不重，但却是非常考验化妆技术的，需要化妆者有较扎实的基本功。

● 　图5-4　自然清新妆面风格的表达

## 二、艳丽妩媚妆面风格的表达

这种妆面风格的特征一看就是修饰感和对比感很强，不论是五官还是其他部位的修饰，从面部线条到色彩的运用，都带给人一种夸张、艳丽之感。粉底可以有一定厚度，要非常均匀，便于在上面化彩妆。五官的造型可以夸张一些，色彩运用对比类似色或对比色均可，具体要视需要表达的主题而定（图5-5）。

这种妆面对化妆者的造型和色彩搭配能力及修养是个考验，不同审美趋向的人搭配出的色彩效果完全不一样，如果色彩认知能力差，妆面容易产生媚俗、不高级之感。

● 　图5-5　艳丽妩媚妆面风格的表达

## 三、个性创意妆面风格的表达

　　这种妆面在所有妆面中是表达方式最自由、最可以夸张的一种。它不受其他条件限制，不用考虑传统化妆时要注意的条条框框，可以自由发挥想象。化妆时采用的材料也可以自由选择，只要能达到最终想要的效果即可。这种妆面在设计时，要先考虑它应用的场合和目的，也要提前了解和它搭配的服装风格，以此来决定妆面的最终效果（图5-6）。

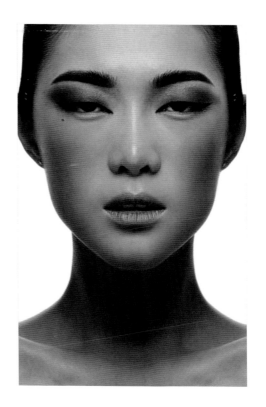

●　图5-6　个性创意妆面风格的表达

# 参考文献

[1]  徐家华，张天一. 化妆基础. 北京：中国纺织出版社，2009.

[2]  李东田. 李东田作品集. 北京：中国轻工业出版社，2005.

[3]  徐家华. 着色. 上海：上海人民出版社，2004.

[4]  凯文奥库安. 经典化妆. 沈阳：辽宁科学技术出版社，2002.

[5]  朴惠敃. 微整形化妆术. 北京：中国华侨出版社，2016.

[6]  李慧伦. 精准化妆术. 青岛：青岛出版社，2019.